Gold
Nature
and Culture

図説
金の文化史

レベッカ・ゾラック
Rebecca Zorach
マイケル・W・フィリップス・ジュニア
Michael W. Phillips Jr.
高尾菜つこ 訳

原書房

GOLD

Nature and Culture

目次

序章 ── 金を求めて

金は文明が始まった当初から人々を魅了してきた。金属のなかでもっとも展性に富み、屈指の輝きを誇る金は、早くから精緻な加工を施されてきた。不純物が比較的少ない状態で見つかることが多いため、高度な精錬技術も必要としなかった。また、金は柔らかく、道具を作るには不向きだったため（現代の科学ではそれを可能にする方法がたくさんある）、最初は装飾に用いられることが多かった。

金が貨幣として使われるようになったのも、その本来の美しさや気高さのせいではなく、たんにこの「不向きさ」のせいだったのかもしれない。では、金の値打ちとはいったい何か、なぜ金は貨幣の材料としてそれほど重んじられたのか──これはなかなか難しい問題だ。古代の人類の文明において金が貨幣として用いられたのは、金のさまざまな特性が高く評価されたからなのだろうか。それとも、今となってはよくわからない理由によって、金がそうやって古くから貨幣として使われてきたからこそ、金はいまだに王様のように崇拝されているのだろうか。同じく興味深いのは、歴史をつうじて、金は人々の賞賛を集める存在であったにもかかわらず、富や偶像崇拝の象徴として、

右◉子供を膝に乗せて座る女神の像、ヒッタイト帝国、アナトリア中央部、紀元前一四世紀から一三世紀頃

真の価値とは正反対の存在でもあったということだ。では、なぜ人間は金を追い求めるのだろうか。その飽くなき欲望が突きつけてくるのは、そもそも価値とは何なのか、意味とは何なのかという根本的な疑問である。

一方、金はひとつの元素であり、重金属の一種である。より軽い元素と異なり、金は恒星内部の核融合では生成されない。現代の科学によれば、地球上に存在する金は、寿命を迎えた恒星（超新星爆発によって生じた中性子星）の衝突によって作られたとされている。[1] 地球が形成されたとき、その金のほとんど――約一六〇〇兆トン――は地球の核へと沈み込み、その後、隕石によってもたらされた金が表層の堆積物として残った。[2] 私たち人間が近づいて採掘できるのはこの表層の金鉱であり、その原因となった隕石の衝突が起こったのは、はるか昔のことだ。南アフリカのウィットウォーターズランドの金鉱地帯は、地球上でこれまでに採掘された金の四〇パーセントを生み出したとされ、その年代は三〇億年前にさかのぼるが、地球が誕生したのはさらにその一五億年前である。これらの出来事にくらべれば、人間の金との出会いはごく最近のことだ。しかし、人間はその歴史が始まって以来、さまざまに金を利用してきた。金はどの大陸でも発見されており、有史以前の人間が採掘し、利用した最初の金属のひとつだった。

原初の金鉱は、玄武岩や花崗岩のような岩石に埋め込まれた粒子や鉱脈として、あるいは「ターピダイト」と呼ばれる岩石層（古代の海洋の働きによって形成された堆積岩層）のなかに見つけられる。金とそれを内包している岩石の結合体は「鉱石」と呼ばれ、その岩石に含まれる金は「金脈」とも呼ばれる。多くの場合、金は石英や黄鉄鉱（「愚か者の金（*fool's gold*）」としても知られる）と

「金の子牛」を崇める
イスラエル人たち、
イングランドの彩飾家
ウィリアム・ド・ブレイルズ、
一二五〇年頃、
羊皮紙にインクと顔料、金

鉱夫とその妻たちが、
史上最大の金塊
「ウェルカム・ストレンジャー」の
発見者―リチャード・オーツ、
ジョン・ディーソン夫妻―と
ポーズを取っている。
鶏卵紙の名刺写真、
一八六九年

ともに発見され、よく銀や銅との天然合金として見つかる。また、純金の金塊は細菌の働きによるものとも考えられている。科学者たちがとくに詳しく研究しているのが、デルフティア・アシドヴォランス（*Delftia acidovorans*）とカプリアヴィダス・メタリデュランス（*Cupriavidus metallidurans*）というふたつの細菌で、重金属の毒性に遺伝的耐性をもつ。実際、これらは堆積物を通り抜け、金塊として凝集するナノ粒子に金を分解することが明らかになっている。[3]

私たちが金の発見と言われて連想する光り輝く金塊は、概して「砂」鉱床で見つかる。これは岩石から浸出した金の粒子が、河川の土手に濃集して堆積した鉱床のことである（砂鉱を表す*placer*は、砂堆を意味するスペイン語である）。しかし、史上最大の金塊が見つかったのは地下鉱床だった。「ウェルカム・ストレンジャー」と名づけられたその金塊は、精錬後の正味重量が七一・〇一八キログラムという並はずれた大きさで、一八五八年にオーストラリアで発見され、一八五九年にロンドンで溶解された。一九八三年にブラジルのパラーで発見されたカナン金塊は、ウェルカム・ストレンジャーよりさらに大きな金塊の一部だった可能性があり、五二・三三二キログラムもの金を含有し、現存する最大の金塊とされている。

金の探索者たちは、隠された金鉱床を見つけるために、いくつかの特別な手法を用いてきた。たとえば、ダウジング（埋蔵金から発せられる磁気を感知するという特殊な形状の棒を使用）や、夢占い（一九世紀のアイルランドでは、夢で告げられた情報をもとに宝探しに成功した者たちがいたという）、そして植物を指標とした現代的手法（たとえば、トクサは大量の金を吸収するため、それが自生する場所では土壌の金濃度が高いことを示す）などがある。[4] しかし、歴史的に見れば、金

上◉植民地時代初期に
金のパンニングをしている先住民、
ゴンサロ・フェルナンデス・デ・
オビエド・イ・バルデス、
『インディオ征服史
Corónica de las Indias』
（一五四七年）

下◉ダウジングの様子を描いた
木版画、
ドイツの鉱山学者アグリコラの
『デ・レ・メタリカ』（一五五六年）より

を取り出そうとする試みのほとんどは、川などで金のかけらや塊を偶然見つけたことから始まった。ジェームズ・W・マーシャルが建設中の製材所の水路で金を発見したのもやはり偶然で、その発見がカリフォルニア・ゴールドラッシュのきっかけとなった。実際、金石併用時代の金の探索者たちも、カリフォルニア・ゴールドラッシュを描いた映画で見られるような砂鉱床採掘技術――砂利を水ですすぎ、金のかけらや塊を洗い出す方法――を用いていたようだ。「パンニング」はこうした手法の一種で、水を張った大きな鍋（選鉱鍋）で砂利をふるうと、ほかの物質よりも比重のある金が底に沈む。規模が大きくなると、砂利を「流し樋」や「選鉱クレードル」に大量にすくい入れ、さらに規模が大きくなると、水の加圧噴射を用いて小石や堆積物を取りのぞき、残った泥水を流し樋へ押し流すといったやり方もある。

人間がこれまでに採掘した金をすべて合わせると、各辺の長さが二〇メートル超、重さが一七万六〇〇〇トンという金の立方体ができる。[5] 地表に近い金鉱は坑道掘りや露天掘りで採掘される。歴史的には砂鉱床の採掘のほうが先だったようだが、人間は遠い昔から鉱床の穴掘りを行なってきた。グルジア南部の採鉱活動の歴史は、青銅器時代初期の紀元前四千年紀にさかのぼる。エジプト人は紀元前一三〇〇年頃からヌビアで金鉱の採掘を始め、高度な技術を発展させた。実際、古代エジプトのヒエログリフには、金についての多様な記述が残されており、金が色や純度、産地によって区別されていたことを示している。

ローマ人が採掘技術を学んだのは、そうしたエジプトをつうじてだったと思われる。北はウェールズのドラウコシから、西はスペイン北西部のレオン県にあるラス・メドゥラスまで、彼らは帝国

ジェームズ・メイ・フォード、
『金採掘のおもちゃと少年の肖像 *Portrait of a Boy with Gold Mining Toys*』、
一八五四年、手彩色の銀板写真

全土で採掘を行なった。ドラウコシでは青銅器時代に採掘が行なわれていたことを示す考古学的証拠が出ており、ラス・メドゥラスでは最新の航空レーザー技術によって、これまで存在したと考えられていたよりもさらに大規模な採掘活動があったことが明らかになった。ローマの博物学者で多作の作家である大プリニウスは、「ハッシング」と呼ばれる技法について述べている。これはローマ人によって導入されたもので、多くは離れた場所にある川から水路を引き、大量の水を使って鉱床を見つけ出す。ローマは非常に高度な技術をもっていたため、山にいくつも穴を掘り、大量の水でその山を押し流して、金鉱を露出させることもできた。このハッシング法は、ローマで紀元前一世紀から帝国の滅亡まで用いられた。ドイツの鉱山学者ゲオルギウス・アグリコラが一六世紀に書いた『デ・レ・メタリカ』に言及こそないものの、この技法は一六世紀から二〇世紀初めまで断続的に用いられ、とくにアフリカでの金鉱採掘では盛んに使われた。

一八四〇年代から五〇年代にかけてのカリフォルニア・ゴールドラッシュでは、「水力採掘法」が発達した――丘の斜面や川岸の砂鉱床に水が噴射され、ときには斜面全体が押し流される。当然、押し流された土は行き場を求めて低地に堆積し、川の流れを変えたり、破壊的な洪水を招いたりした。一八八四年、下流に住む農民たちがこれに訴えを起こして認められ、一八九三年以降、カリフォルニアは水の流出を抑えるための規制を増やしたものの、ふたたびこの手法を許可した。

金を採掘するためのこうした努力の背後には、太古の昔から連綿と続く金への憧れがある。実際、金を求める物語の起源は何千年も前にさかのぼる。とくに有名なのがイアソンとアルゴナウテスの話で（17ページの図を参照）、ロードスのアポロニオスによる『アルゴナウティカ』のなかで語られている。イアソンの父アイソンはイオルコスの正統な王だったが、異父兄弟のペリアスに王位を強奪された。ペリアスは厄介な甥を追い払うため、金の羊毛で覆われた空飛ぶ羊の毛皮を取ってくるようにとイアソンをアイアへ送った。この羊はまさに驚くべき羊だった。ポセイドンの息子であるその羊は、恐ろしい継母から逃れようとするヘレ兄妹を乗せて天空を駆けていたが、途中でヘレが落下し、彼女はのちにヘレスポント（ヘレの海）と呼ばれるようになった海峡で溺死した。羊はその体をポセイドン（もしくはゼウス）への供物として捧げられ、やがて牡羊座になった。一方、その毛皮は森の木に吊るされ、イアソンが奪いに現れるまでドラゴンによって守られていた。

遠い昔から、人々は先祖たちの作り話を合理的に解釈しようとしてきたが、この「金の羊毛」伝説も例外ではない。ギリシアの地理学者で歴史家のストラボンは、紀元一世紀に書かれた本のなかで、今でも通用しそうな説得力のある説明をしている。それによれば、コルキス周辺の地域（それ以前の著述家たちがアイアの所在地としていた黒海東端の地）は金が豊富で、「彼らの国では、金が谷川の流れによって山から運ばれてくる。それを異邦人たちが穴の開いた樋と羊の毛皮を使って採取している」とされた。[6] 実際、ソヴィエト時代に入ってからも、金のパンニングには羊毛が使われていた。

神話を合理的に解釈しようとするこうした姿勢は、紀元前四世紀のギリシアの神話学者エウヘメロスにちなんでエウヘメリズムと呼ばれ、彼は神話を「歴史のまやかし」と考えた。これはもっともな努力である――いくら昔でも、空を飛んだり、言葉を話したりする金の羊が実在したはずはないからだ。しかし、考古学者のオタル・ロルトゥキパニゼは、「金の羊毛」伝説に関するさまざまな「歴

ネヴァダ郡
フレンチ・コーラル付近の
水力採掘、
一九世紀後半

テオドール・ド・ブライ、
『黄金の男 *The Golden Man*』の一部、
一五九九年、版画

史的」説明を研究し、ある学者がこの伝説は黄疸の羊のことを表しているのではないかとするのに対して、きっぱりとこう反論した――「ギリシア神話のなかで、空を飛び、言葉を話し、その毛皮のために、ギリシア文学で賞賛されるような命がけの旅がなされるほどの驚異の羊が、『肝臓障害』だったとは絶対に思えない」[7]。この物語が金を見つけるための特殊な技術と関係があるかどうかはわからないが、金への飽くなき欲望を示していることは間違いない。

エル・ドラド（などの架空の場所）を求めて

さらに時代が下り、現代に近づいても、この伝説に負けないほど突飛で、探検家はもちろん、王も庶民も一様に胸躍らせるような物語がある。そのひとつが「エル・ドラド」の魅惑的なストーリーだ。トリニダード出身の英国の作家V・S・ナイポールは、著書『エル・ドラドの喪失 *The Loss of El Dorado*』のなかで、「エル・ドラドの伝説は語り継がれるうちに尾ひれがついて、上質なフィクションのようになり、事実と見分けがつかなくなった」と述べている。何千人ものヨーロッパの探検家たちを死に至らせたこの南米の黄金郷は、もとは都市として生まれたのではなかった。エル・ドラドとは、じつは「黄金の人」を意味した。年に一度の宗教的祝祭において、ムイスカ族のシパ派の者たちは、首長の体に天然の接着剤を塗り、全身を金粉で覆った。そして首長は儀式として、バカタ（現コロンビアのボゴタ）の近くのグアタビータ湖に飛び込んだ。フアン・ロドリゲス・フレイレのピカレスク歴史小説『エル・カルネロ

Carnero』によれば、全身金色の首長は、「彼らが主や神として崇拝している悪魔に捧げ物をするため」、大量の金を湖に投げ込んだ。[8]「黄金の筏」は、ムイスカの金細工のなかでも逸品で、これについては第四章で詳しく述べるが、全身に金粉を塗った首長が、同じく金で飾った側近たちに囲まれて行なう浸水の儀式を表現している。

この何とも魅惑的な話は、スペイン人の征服者たち（コンキスタドール）の耳にも入った――探検家ディエゴ・デ・オルダスの副官でマルティネスという男は、一五三一年にエル・ドラドに会ったと主張したが、彼らが一五三九年にムイスカを征服したときには、金粉を塗った男も伝説の財宝も見つからなかった。だが、そうした失敗にもかかわらず、噂は広まり、何十年という歳月とともに伝説として発展した。やがてエル・ドラドは人間ではなく、ひとつの都市となり、新たに征服された人々は征服者たちにこう話した――ジャングルの奥地のさらにその奥に、光り輝く伝説の黄金郷がある。

ここで登場するのが、イングランドの勇ましい探検家で詩人のウォルター・ローリー卿で、彼はタバコを紹介し、失われた植民地と言われるロアノーク植民地を創設し、イングランド女王エリザベス一世の友人（おそらく愛人）とされていた。彼はオリノコ川上流のギアナにマノアという黄金都市があるとするスペイン人の話を聞きつけ、そこがエル・ドラドに違いないと考えた。しかし、一五九五年に現地へ遠征したものの、マノアは見つからず、金もなかった。いきなりの挫折だったが、彼の冒険への欲望はますます強まった。イングランドへ戻ったローリーは、みずからの旅を誇張し、ときに空想的に語った『ギアナの発見 *The Discovery of Guiana*』という本を書いた。そこには賢明にも彼自身が従ったと思われる知恵の数々が含まれていた――「これまでに世の中のさまざまな事柄を目にしてきた私は、人の財産がしばしばその美徳によってではなく、その言葉によって築かれること、そして人の財産がその悪徳によってではなく、同じくその言葉によって失われることを知った[9]」。

　歴史家のジョイス・ロリマーによれば、ローリーの最初の草稿では、現地のギアナ人が身につけていた金の装飾品や立派な衣服についての詳しい記述はあった一方、金採掘の可能性についてはまったく触れられていなかった。彼の後援者たちは、金が必ず取れるという確証がなければ、投資が得られないと心配し、ローリーにギアナの地で採掘できる富の大きさを誇張させた。多くの場合、それは表現を少し変えるだけのことで、彼が金の存在を「信じている」のではなく、「知っている」とするようなことだっ

金の羊毛をつかもうとするイアソン。
赤絵式のテラコッタのカラム・クラテール
（水とワインを混ぜるための壺）、
紀元前四七〇年～四六〇年頃

シモン・ファン・デ・パッセ、
『高貴にして博学な騎士
ウォルター・ローリー卿の真なる肖像画
The True and Lively Portraiture of the Honourable and Learned Knight Sir Walter Raleigh』、一六一七年、版画

た。[10] こうした原稿の修正が功を奏し、少なくともつぎの遠征のための資金は集めることができた。彼は部下のローレンス・キーミスをふたたびギアナへ派遣した。現地に到着したキーミスは、鉱床と目される場所の近くに、スペイン人がサント・トメという植民地を建設したことを知った。彼らに自分の存在がばれた場合の待ち伏せを恐れて、結局、キーミスは手ぶらで帰国した。ローリーはこれにもめげず、一五九七年にアドリアーン・カベリオーという名のオランダ人を派遣したが、彼もまた何の利益ももたらさなかった。

この頃までに、ローリーは人々から嘘つきとして公然と非難されるようになっていた。彼が南米から持ち帰った鉱石は値打ちのないもので、反対派は一度もギアナへ行ったことがない彼を激しく責めた。その後の航海でも、彼の主張は裏づけられなかった。パトロンだったエリザベス一世が一六〇三年に死去すると、ローリーは同年、王位を継いだジェームズ一世に対する謀反の罪でロンドン塔に投獄された。

しかし、やがて彼の運命は変わりはじめた。一六一二年、宿敵のロバート・セシル卿――国務大臣にして国王ジェームズのスパイ組織を操り、ローリーをロンドン塔に追いやった張本人――が死んだ。当時、イングランドの国庫は空っぽだったにもかかわらず、スペインとの戦争が迫っていた。ローリーはこの機をものにした。彼は金鉱床を実際に見たことがあるのを突然思い出し、その場所がどこにあるかも知っていた。彼はスペイン人の謎の情報提供者からの手紙を振りかざし、自分の話を都合よく裏づけた。彼が南米から持ち帰り、値打ちがないとされていた鉱石も、自分に好意的な（そしてたっぷりと見返りを受けた）鉱物学者が改めて分析した結果、金を豊富に含むことがわかった。一六一六年、ローリーはロンドン塔から釈放され、一六一七年にはギアナへの二度目の遠征に向けた準備を整えていた。ただし、これには条件がひとつあった――それはスペイン人とのあいだで問題を起こさないということだった。

結果として、ローリーを破滅に至らせたのはこの条件だった。彼は遠征隊を個人的に指揮することを禁じられていたため、副官のキーミスがオリノコ川を突き進んだ。つぎに何が起こったのかは誰にもわからない。サント・トメでスペイン側と小競り合いが生じ、ローリーの長男ウォルターが命を落とし、キーミスが事態の収拾にあたった。しかし、怒ったスペイン軍に取り囲まれ、交渉による和解に失敗したキーミスは、その町を略奪し、焼き払うように命じた。ローリーに事の次第を説明したあと、彼はみずからに発砲し、それが致命的でないとわかると、今度はみずからを刺して命を絶った。失意のローリーは手ぶらでイングランドへ帰国し、スペインとのさらなる戦争に発展しかねない事件を引き起こしたとして、ジェームズ一世に処刑を宣告された。死を逃れるチャンスを何度か与えられたものの、ローリーはこれを拒否し、一六一八年一〇月二九日、ウェストミンスターで斬首刑に処された。

しかし、ウォルター卿はけっして金の虜になった最初の人物ではないし、最後でもなかったはずだ。この光り輝く金属をめぐって、多くの無益な探索が繰り返されてきた。人類の歴史をつうじて、金は人々を現実離れした憧れへと導き、たいていの場合、その魅惑的な力は意図した結果よりも、意図せぬ結果をもたらしてきた。金を追い求める冒険家たちは、失敗することのほうが多かった。しかし、未知の地域を探検したり、新たに金が発見された土地を占領したりと、金は領地をめぐるさまざまな活動や権利を正当化するために利用されてきた。こうして人々を探検や征服へと駆り立てながら、金は人口の大移動を引き起こし、その金銭的価値から示唆される以上の影響を与えてきた。

南北アメリカ大陸は、伝説の都市――もちろん、アステカ帝国やインカ帝国のような実在する伝説的都市も含めて――をめぐる物語の宝庫である。そうした富の唯一最大の例と考えられるのが、インカ帝国最後の王アタワルパである。一五三二年にフランシスコ・ピサロに捕えられた彼は、とてつもない身代金を払うと申し出た。それはもし自分を生かしておくなら、大きな部屋を約八五立

ジェローム・ダヴィッド、クロード・ヴィニョンの絵をもとに、
『アタワルパの肖像 *Portrait of Atahualpa*』
(*Atabalipa Rex Peruviae*)、一六一〇年〜四七年、版画

方メートルの金で丸ごと埋め尽くすというものだった。これだけの金を用意するには、インディオの金細工師が九つの炉を使って約一か月にわたって財宝を溶かす必要があった――これは私たちがインカの職人たちの技量を知るうえで大きな損失である。結局、身代金は役に立たず、ピサロは王を数か月にわたって拘束したのち、処刑した。彼が唯一譲歩したのは、アタワルパを火あぶりの刑ではなく、鉄環絞首刑にしたことで、これはインカの宗教では、肉体が焼かれると魂があの世へ行けないとされていたからだ。

ちょうど同じ頃、スペインの征服者フランシスコ・バスケス・デ・コロナードが、伝説の「黄金の七都市」を探して、メキシコ北部を探検した。悲運に見舞われたナルバエス遠征隊の四人の生存者の報告――一五二八年、フロリダへ向かって航海し、その半島を植民地にしようとして失敗した六〇〇人のスペイン人のうち、生きてその話を伝えられたのは彼らだけだった――によれば、八年におよぶ苦難の旅の途中、彼らは豊かな財宝をもつ伝説の七都市の噂を耳にした。調査のために派遣されたフランシスコ会のある修道士は、離れた場所から七都市のひとつであるシボラを見たとし、その規模と豊かさはアステカ帝国の首都テノチティトランに匹敵すると報告した。コロナードはその金を採集するために急遽派遣されたが、彼が現在のニューメキシコに着いたとき、実際のシボラは、日干しレンガで造られたプエブロに住むズーニー族の農耕集落であることがわかった。コロナードはそのままその地を占領し、軍事拠点として利用した。

その後、彼ははるか東方にキビラという場所があることを聞きつけ、そこでは首長が木に吊り下げられた金の杯から酒を飲むとされた。「ターク（トルコ人）」というあだ名の先住民（スペイン人が彼をトルコ人のようだと思ったため）を案内役として、コロナードはグレート・プレーンズを渡ったが、現在のカンザスに着いたとき、彼はようやく自分がだまされたことに気づき、タークもそのことを白状した。コロナードによれば、

シクイエの者たちに頼まれて、彼は一行を大草原地帯まで案内して見捨てるつもりだった。食料の供給がなくなれば馬も死に、もし戻ってきたとしても、衰弱しているから容易に殺せる。そうすれば彼らが自分たちにしたことに復讐ができるというわけだった。

コロナードはタークを絞め殺させたが、人々の復讐は少なくとも当面は果たされた——コロナードは結局、黄金の都市を見つけられず、スペイン人はさらに一世代にわたって南西部を諦めることになった。[11]

エジプトの金の地図

金の探索をめぐる言い伝えには、よく埋められた財宝という陳腐な表現が出てくる。これはしかるべき古地図があれば見つけられる海賊の略奪品のことだ。しかし、海賊が暗号化された地図の上に大きなバツ印を記し、本当にその場所に財宝を隠したという証拠はない。これにもっとも近いのがキャプテン・キッドの例で、海賊船の船長だった彼は一六九九年、ロング・アイランドにたしか

に金を埋めた。しかし、彼は地図を作らず、その後二〇〇年にわたる宝探しによっていくつかの発見がなされるにもかかわらず、すべては回収され、彼の裁判の証拠としてイングランドへ送られた。そもそも宝の地図などという作り話が世に広まったのは、一八八三年にロバート・ルイス・スティーヴンソンが書いた小説『宝島』〔佐々木直次郎訳、岩波書店、一九四九年〕のせいだろう。

ただし、宝の地図は一度も存在したことがないというわけではない。実際、死海文書に含まれる「銅の巻物」（そう呼ばれるのは、それが羊皮紙やパピルス紙に書かれているのではなく、銅板に刻まれているため）は、紀元一世紀にさかのぼる古文書で、そこには隠された莫大な量の金銀の探し方についての指示が記されているという。しかし、その指示はあまり明確ではなく、財宝は今も発見されていない[12]。

これよりさらに古い地図が「トリノ・パピルス」で、紀元前一一六〇年頃にエジプト王ラムセス四世の書記官によって作られた。現在はいくつかの断片——長さ約二〇八センチ、高さ四一センチ——として、トリノのエジプト博物館に保存されており、アフリカにおける金探索の長い歴史を伝えている。たしかに、ヨーロッパ人は南北アメリカ大陸の黄

金都市伝説に心を奪われるまえ、アフリカの金を夢見ていた。そしてヨーロッパ人がアフリカの金を夢見るずっと以前から、アフリカ人はそれを夢見ていた。歴史が始まって以来、アフリカの金は商人や侵略者の注目を集めてきた。少なくとも地図制作が始まってからはずっとそうで、「トリノ・パピルス」は現存する最古の地質図である。地質図とは、露出した岩石群のような地質学的特徴の種類や場所を示したもので、「トリノ・パピルス」はその細部において驚くほど現代的である。実際、その地図は、ナイル川東岸と紅海のあいだで不毛の地とされていた東部砂漠に金鉱があることを示している。また、ビル・ウンム・ファワキール（陶器の源泉）にある金鉱集落は、四つの家屋とアメン神の神殿、セティ一世の彫像、貯水池、井戸から構成されており、その流域にはギョリュウの木が生い茂ってい

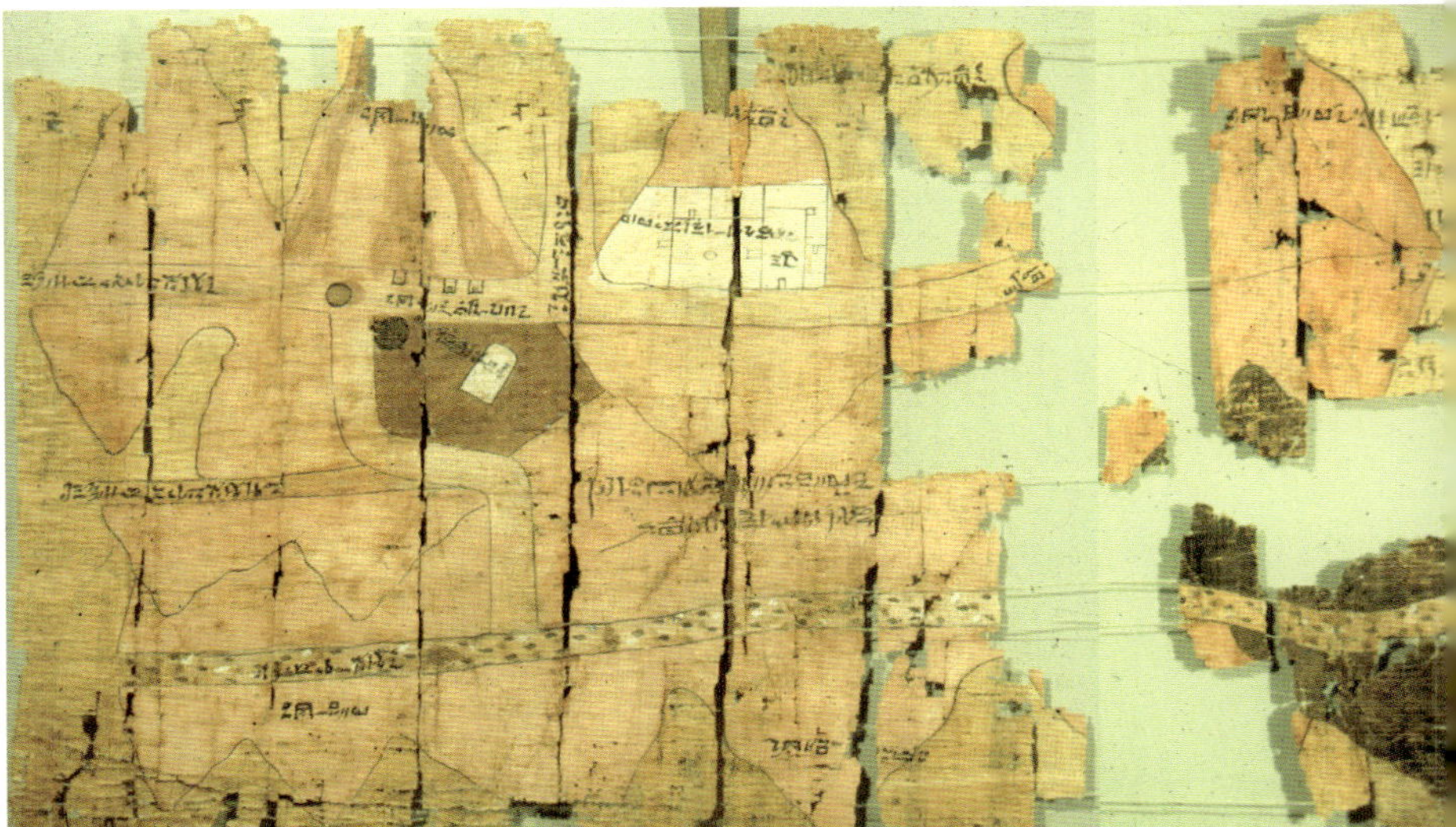

パピルス紙の断片に描かれたシナイ半島の金鉱の地図、
エジプト新王国時代、第二〇王朝（紀元前一二世紀〜一一世紀）

たことも記されている。[13]

しかし、エジプトの金のほとんどはヌビア産で、これは現在のエジプト南部からスーダン北部にあたる東アフリカの一地方である（ヌビアという名は、おそらく金を意味するエジプト語の *nub* から生まれたが、もとは紀元三〇〇年頃にその地域に定住したノバタエ人に由来すると思われる）。古代ヌビアでは、金の採掘が国の経済にとって非常に重要だったため、王族は未加工の砂金の塊に穴を開けて作ったジュエリーを身につけ、その材料が地元産であることを宣伝していたようだ。[14] 何千年というヌビアの長い歴史は、それよりさらに有名な北の隣国エジプトの歴史と絡み合い、ほとんど切り離せない。実際、私たちがヌビアの歴史について知っていることの多くは、エジプトを情

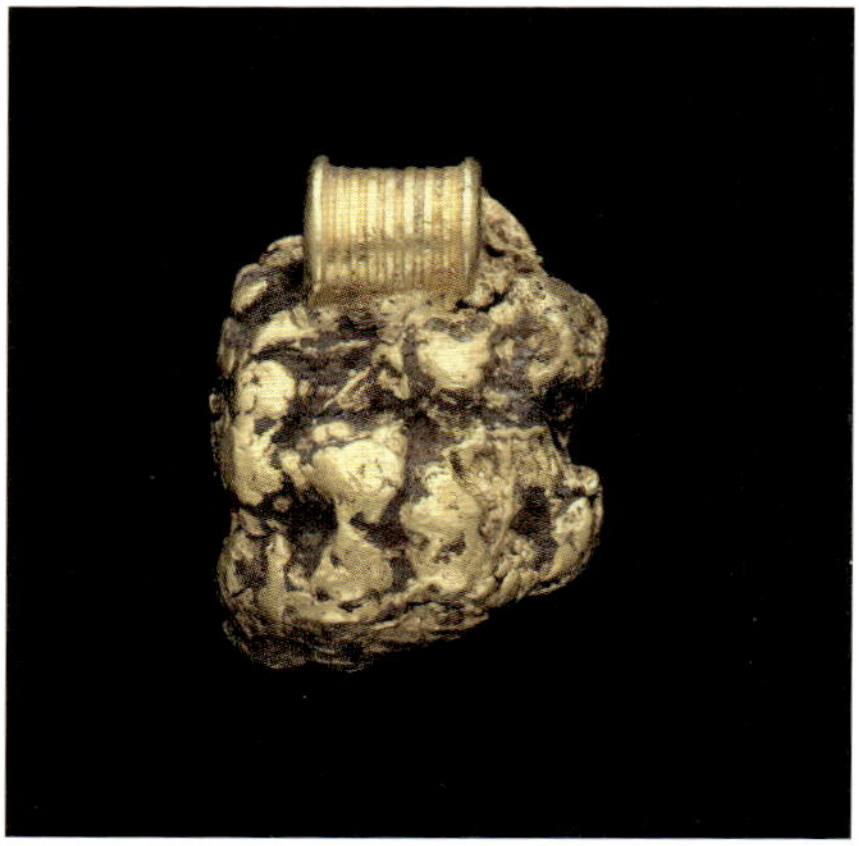

上◉上部にコイル状の吊り下げ金具がついたヌビアの金塊、紀元前七〇〇年から五〇〇年

下◉クムランの「銅の巻物」、紀元一世紀

報源としている。何世紀にもわたって、エジプトとヌビアは互いに交易や戦争、外交を行ない、王族同士が結婚によって結ばれ、中王国時代にはヌビアの王朝がエジプト全土を支配することさえあった。

ヌビアは、白ナイルと青ナイルが合流するハルトゥームから、ナイルが険しい砂岩や花崗岩を抜け、エジプトの肥沃で広大な氾濫原を流れるアスワンに至るまでの南の流域にあり、第一から第六までの六つの急流をもつことで知られる。この一帯には、おなじみのエジプト王国と関わりをもつ主要な王国があり、なかでもケルマ王国は、エジプト中王国と時期がほぼ合致している。このクシュ文明の王国は、エジプトの新王国時代にいったんその支配下に入ったが、新王国が衰退すると独立し、クシュ王国を成立させる。紀元前八世紀にはクシュがエジプトを征服し、第二五王朝を開いた。やがて紀元前六五六年にクシュ王朝が駆逐されると、その支配者たちは南へ後退した。クシュ王国のこの後半の体制は、新たにメロエに都を移したことからメロエ王国とも呼ばれる。

古代エジプトの宗教において、金は太陽と結びついた神聖かつ不滅の金属とされ、神々の肌は黄金色と考えられていた。エジプトでは、金は貨幣としては用いられなかった。紀元前二七〇〇年にすでに金で作られたコインのようなものはあったが、それらは通貨ではなく、贈り物として使われた。そのかわりに、金はファラオの副葬品などとして宗教的儀式に使われ、ツタンカーメンの純金の棺はそのもっとも有名な例である。

古王国時代（紀元前二六八五年〜二一五〇年頃）に始まり、新たに中央集権国家として強大な勢力をもったエジプトは、金をはじめ、彫像に用いる象牙や砂岩といったヌビアの産物を欲し、王たちはこれらを手に入れるために軍事侵攻に出た。ヌビアの金はそれから一〇〇〇年にわたって、ほとんどエジプト王の支配下に置かれた。しかし、ヌビアはたまに訪れる中間期のような権力空白期に乗じて、領地を取り戻し、エジプトを征服さえした。クシュによって開かれた第二五王朝が始まる紀元前八〇〇年頃には、ヌビアの金鉱業は衰退していたが、原因は当時の技術では鉱床からそれ以上の金を取り出せなかったためと思われる。プトレマイオス朝のエジプトでは、ギリシアから新しい採掘技術が導入されたが、この頃には遊牧民族による攻撃を受け、新たな金鉱を探すことは不可能だった。紀元七〇〇年頃のイスラムによる征服後、この地域では盛んに砂鉱床の採掘が行なわれたが、それも一三五〇年までに途絶えた。

一方、中世のヨーロッパでは、アフリカと

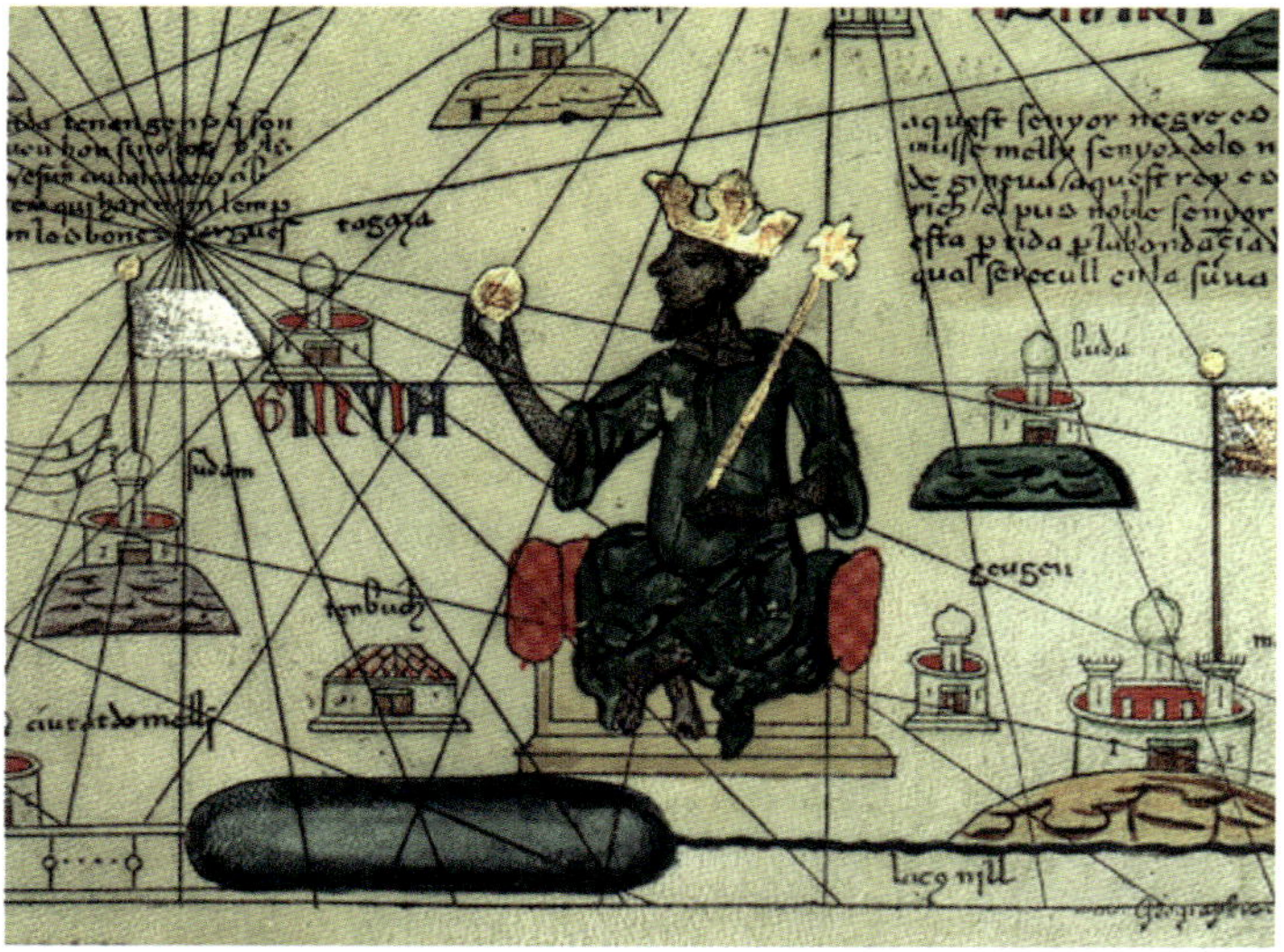

地図制作者アブラハム・クレスケスの
『カタロニア図』に描かれたマリ帝国の皇帝マンサ・ムーサ、
一三七五年、木製パネルに張った羊皮紙にインク、顔料、金と銀のあいだに直接の通商はなく、中東のイスラム教徒が仲介の役割を果たしていた。また、北アフリカのムーア人の軍事部隊により、ヨーロッパへ運ばれる金をはじめ、アフリカの産物を求めるヨーロッパ人はつねに決まった通商路を使わなければならなかった。そんなヨーロッパ人が交易商人をとおして耳にした噂によれば、彼らがアラブ人から仕入れている金は、西ナイル地方南部の黒人民族からもたらされるが、北アフリカのイスラムの王でさえ、その金が正確にどこから来るのかは知らなかった。実際、一〇世紀のアル＝ビールーニーや一二世紀のアル＝イドリーシー、そして一三世紀のイブン・サイードといったアラブの著名な地理学者のあいだでも、ナイル川南部の地域は空白のままにされていた。[15]

やがて噂によってさらに詳細な情報が集まった。一三七五年にフランスのシャルル五世のために作られた『カタロニア図』には、マリ帝国の皇帝マンサ・ムーサが大きな金塊を手にした姿が描かれており、「彼の王国ではあり余るほどの金が取れるため、彼はこの地方全域でもっとも裕福にして気高い王である」とされている。ムーサは、一三二四年のメッカ巡礼によって世界中の注目を集めたはずだ。伝えられるところによれば、彼は五〇〇人の奴隷にそれぞれ一・八キロの金の延べ棒を運ばせ、おびただしい数の従者を引き連れて旅に出た。そしてエジプトの歴史家アル＝マクリーズィによれば、ムーサがあまりに大量の砂金をばらまいたため、それから一二年間、金貨の価値の下落が続いたという。

アフリカの金の話に興味をそそられたヨーロッパ人のなかに、ポルトガルのエンリケ航海王子（一三九四年～一四六〇年）がいた。大航海時代の立役者である彼は、同時代の王族の多くがそうであるように、非常に金遣いが荒く、つねに借金を抱えていた。歴史家のＰ・Ｅ・ラッセルによれば、これは隣国――ブルゴーニュやカスティーリャ――と張り合い、世間に遅れを取らないためだったという。実際、ヨーロッパでの金不足、ポルトガルでの激しいインフレと労働力不足、さらには平和な時代が長く続き、かつてのように戦場で富や名声を得るチャンスが失われたことなどが合わさって、ポルトガルの貴族はそれにふさわしい生活を送ることが困難になっていた。エンリケは騎士や騎士の従者、その他の取り巻きたちを抱える大所帯を維持するため、生涯のほとんどを借金に追われていた。彼の命を受けた船長のひとりであるディオゴ・ゴメスによれば、エンリケがアフリカの金を欲しがったのは、「王室の貴族たちを養うため」だった。[16]

一四一五年、彼はジブラルタル海峡に臨むセウタを攻略した。それから数十年にわたって、ポルトガルはエンリケのもとで西アフリカを探検し、植民地化を進めた。アフリカとヨーロッパの通商におけるアラブ人の独占を破り、一時、ポルトガルは地球上でもっとも富裕な国となった。一四七〇年代初めまでに、ポルトガルの交易商人たちは何隻もの船に砂金を積み、リスボンへ運んでいた。一四八二年、彼らは現在のガーナに最初の植民地を建設し、やがてその地域は「黄金海岸」と呼ばれるようになった。

その名が示しているように、黄金海岸は豊富な金の産地だった。中世の時代、イスラム商人たちは北アフリカからこの地へ羊毛や塩、ガラス、銅、鋼といった品々を運び、それを奴隷や金と交換した。アンダルシア出身の地理学者で、一一世紀にガーナ帝国を訪れたアブ・ウバイド・アル＝バクリーによれば、王は「宝石と金のかぶりもので身を飾り」、「金の馬具をつけた一〇頭の馬に囲まれた天蓋の下に座っていた。玉座の後ろには、盾と金の柄の剣を抱えた一〇人の小姓たちが控えていた」という。[17]

金鉱が今にも発見できることを期待して、ポルトガル人は彼らの城塞をサン・ジョルジュ・ダ・ミーナ・デ・オウロ（金鉱の聖ジョージ）と名づけた。ただし、この名前に正当な根拠はなく、城塞を築いた海岸の近くに金鉱はなかった。しかし、彼らの努力は無駄にはならなかった――ポルトガル人はこの城塞を金の仕入れ拠点として利用し、この地からアフリカ産の金が大量にポルトガルへ運ばれた。ところが、彼らはやがて金より儲かる宝の源を見つけた。ポルトガルがもつ新世界の植民地は、サトウキビの栽培に最適であることがわかったのだ。彼らに欠けていたのは、その作業をするために必要な安い労働力だった。アフリカに拠点をもつ彼らには野蛮な解決法があった。エンリケ王子の伝記を書いたP・E・ラッセルの言葉を借りれば、「黒い金――奴隷――は、ギニアが差し出せるもっとも魅力的な積み荷となった」。[18]

イングランドの法律家で思想家のトマス・モアは、著書『ユートピア』（一五一六年）のなかで、南北アメリカやアフリカからの金の流入にともない、貪欲で乱暴な商業主義が生まれたことを非難している。彼はどの家庭にも金の鎖でつながれた奴隷がふたりいたと伝えている。おそらく、トマス・モアはヘロドトスに詳しかったのだろう。ヘロドトスは著書『歴史』のなかで、エティオピアには金が豊富にあったので、奴隷の足かせに金の鎖が使われたと示唆している。[19] あるいは、トマス・モアはそれから二〇〇年後、プロイセン王国が現在のガーナにあった植民地をオランダに売却したとき、それと引き換えに、金の鎖につながれた六人の奴隷を手に入れたことを予見していたのかもしれない。

なぜ金なのか

物質としての金には、私たち人間に長く支持されるだけの何かが備わっているのだろうか。なぜ私たちはそれほど遠くまで旅をし、それほど苦労してまでも金を手に入れようとするのだろうか。元素としての金には、原子番号七九という特徴的な原子のプロフィールがある。天然に存在する金の同位体は、陽子の数が七九、電子の数が七九、中性子の数が一一八という安定同位体でもある。元素の周期表を見ると、金は遷移金属に分類されており、Ａｕという元素記号をもっている――これは金を意味するラテン語の *aurum* に由来する。金の原子は金属結合と呼ばれる方法で結びつき、これは金のもつ特性の多くを説明するのに役立つ。金属結合がなされる様子は、しばしば「電子の海」と呼ばれる概念を用いて示される。このモデルによれば、金の陽イオン（正の電荷を帯びた原子で、原子核とそれを囲む電子の輪から形成される）は結合して金属結晶をつくる一方、一部の電子を放出して「非局在化」させる。これらは自由電子となって、ほかの電子の「海」を「泳いでいる」。分子構造がしっかりと結びついているのは、自由電子と陽イオンが引きつけ合うからで、こうした金属結合が金属の展延性をもたらすとされている。また、自由電子の海は金属の高い伝導性を説明するものでもあり、遷移金属の場合、この海に放出された電子の数が多いほど融点が高くなる。電子の海の密度や移動度の高さは、金が光を反射したときの独特の光沢を生み出す。また、金の非反応性も原子同士の結合の強さによるもので、結合が容易に切れないため、金はほかの元素と反応しない。だからこそ、金は変色しないのである。

一方、金がなぜ黄色いのかについては、アルバート・アインシュタインが提唱した相対論と関係がある。相対論がなければ、金はより銀に近い色に見えると考えられる――光沢はあるが、色味は少ない。しかし、金は原子核のなかに七九の陽子をもつため（銀が四七であるのに対して）、電子をより強く引きつける。銀よりも引力が強いので、原子核に引っ張られる力に耐え、軌道にとどまるためには、金の電子は銀の電子よりもずっと速く動かなければならない。そのため、金の電子は光速の半分を超える速度で動き、これが科学者のいう「相対論効果」を生む。つまり、電子軌道（電子が原子核を周回するルート）は、その速度によって形が変化する。光のスペクトルにおいて、不可視の紫外線領域では光を吸収するとされる電子が、可視の青色領域では吸収する速度が落ち、スペクトルの残りの光を反射する。これらが合わさって金の黄色が生まれる。

色のわずかな違いは、ほかの金属を混ぜることによって生み出されるが、あの黄色い輝きは、宝石商が「二四金」と呼ぶ純金に特有のものだ。金にほかの金属を混ぜた場合、その合金における金の含有比は「カラット」という単位によって示される――純金を二四カラットとし、一カラットはその二四分の一となる。一八金は、その四分の三が金である（二四分の一八）。*carat* という言葉とその異形は、アラビア語の *qīrāt* からヨーロッパ諸語に入ってきたもので、小さな角を意味するギリシア語の *kerátion* に由来し、これは重量の単位として用いられたイナゴマメの実のことである。

こうした説明はいずれも、「なぜ金なのか」という冒頭の疑問の答えにはなっていない。だが、金のもつ美しい光沢は、それが装飾品に用いられた理由になるかもしれない。また、金が純粋さや完全さを連想させるのは、それが錆びたり、変色したりしないため、不滅の存在を思わせるからかもしれない。加工の面においても、金の展延性は古くから高く評価され、約七〇万分の一センチという薄さにまで打ち延ばし、極細の糸にも紡ぐことができる。しかし、本章の冒頭で述べたように、この展延性は金があまりに柔らかく、延びやすいため、道具を作るには不向きであることを意味する。貨幣としてさえ、金は使用に耐えうる硬度を出すため、何か別の物質を混ぜる必要がある。一方、高価なものを入れる容器としては、金は実用的ではないが最適である。歴史をつうじて、金は物質世界を超越したような高級品（少なくとも見る人によっては）をそのなかに納めてきた。

本書は金の包括的な歴史を記したものではない。むしろ、歴史や人間の想像力において、金が果たしてきたさまざまな役割を探究しようとするものだ。実際、金の果たしてきた役割は多岐にわたるため、ひとつの観点にしぼってとらえるのは難しい。本書では、ときに対立する金の要素を明らかにしながら、欲望の実体としての金の歴史を掘り下げていく。流れとしては、まず金がどのような目的で用いられてきたかを分類し、つぎにそれがどのような影響を与え、どのようなものを形作ってきたかを全六章に分けて解説する。具体的には、身につけるための金、宗教における金、貨幣としての金、芸術の媒体としての金、科学における金、そして神話や現実における金をめぐる多くの危険といったテーマで、それぞれ詳しく検証する。

つぎの章では、装飾として用いられた金について取り上げる。金の抽出法はさまざまな発展によって変化してきたにもかかわらず、私たちは今もこの光り輝く黄色い金属のほとんどを、古代の人々と同じように使っている。つまり、それを身につけている。

第一章　身につけられる金

一九七二年一〇月、ブルガリア東部のヴァルナという町の郊外で、ライホ・マリノフはトラクターに乗って公共設備の工事をしていた。そのとき、彼は何か奇妙な金属の物体を掘り当てた。一部を拾い上げ、非番の日まで靴箱のなかにしまっておいた彼は、一週間後、それをかつての歴史の先生のところへ持っていった。物体を覆っていた泥を拭い落としてみると、それは何と純金製だった。

偶然見つかった「埋められた財宝」のなかでも、これはもっともドラマティックな一例だ。二〇一四年にあった大発見も同じくドラマティックで、裏庭へ散歩に出たカリフォルニアのある夫婦が、一八九〇年代の硬貨で一〇〇〇万ドル分を見つけた。また一九九〇年、インドネシアのジャワ島で灌漑用水路を掘っていた作業員たちは、数千もの金銀の品々を含む三つのテラコッタの壺をつるはしで掘り当て、びっくり仰天した。それは紀元一〇世紀の火山噴火によって埋もれた王族の宝物庫だと考えられた（そこにはジャワ島の通貨制度を伝える最古の証拠も含まれていた）[1]。そして一九九二年、イングランドのサフォークに住む農家の男性は、紛失した金槌を探していて死ぬほど驚いた。金属探知機が鳴ったので掘り返してみると、それはローマ時代の金貨や銀貨、宝石類が詰まった木製の収納箱だった。紀元四世紀に埋もれたものらしく、当時、ブリテン島ではローマ支配が崩壊しようとするなか、アングロ・サクソン人による最初の襲撃が行なわれていた。

これらはいずれも劇的な大発見ではあったが、マリノフがブルガリアで発掘した品々は、ローマ時代の遺物より約五〇〇〇年も古かった。彼が偶然発見したのは、ヴァルナ共同墓地として知られ

世界最古の金細工が見つかった
ブルガリアのヴァルナ共同墓地の墓、
紀元前四六〇〇年頃

るようになった銅器時代の墓地だった。そのうちの最古の墓は紀元前四六〇〇年頃にまでさかのぼる。[2] 古代の金細工品の断片はほかの場所でも発見されており、アナトリア（現在のトルコ）でも古代に金工が行なわれていたようだが、ヴァルナで発見されたのは、人間によって金の加工がなされた最古の時代のもっとも精巧な作品だった。それはまた、人間が装飾のために金を身につけたこと——つまり、死者が金を身につけたこと——を示す最古の証拠でもある。

　ヴァルナ共同墓地の最古の墓（そこで発見された陶器の種類やほかの遺物から年代を推定）からは、衣服に縫い込んだり、直接身につけたりしたと思われる金細工の装飾品が出土した。胸部を覆う板金鎧や腕当てをはじめ、指輪やイヤリング、ネックレス、額に巻くダイアデム、そして衣服につけるアップリケなどのさまざまな装身具に、幾何学模様や形象模様（動物の形をした獣形が一般的）があしらわれていた。こうした金は採掘されたのではなく、現地の表層堆積物や川床の土、砂利からもたらされたようだ。また、そのデザインには、エングレーヴィング（鋭利な道具で細い線を刻む）や打ち出し（地金を裏から叩いて模様を浮き出させる）といった技法が取り入れられていた。

　人間はさまざまな方法で金を利用してきたが、硬貨の鋳造と装飾のふたつは、もっとも基本的かつ一貫した用途である。ヴァルナをはじめとする考古学上の記録によれば、先に始まったのは装飾で、それは今も金の代表的な利用法のひとつである。実際、新たに採掘された金の世界消費を見ると、ジュエリーとしての使用と金融投資としての使用がほぼ半々で、残りの一〇パーセントが歯科などの産業向けに使われている。[3] 歴史をつうじて、金は世界中の人々に装飾品として用いられてきた。身につけられる金の種類には、王冠やイヤリング、鼻輪、ダイアデムといった顔を飾るもののほか、ネックレスやブレスレット、腕当て、胸当て、指輪などが含まれる。ヨーロッパ人が到来する以前から、南北アメリカの先住民は金をおもに肉体の装飾に使い、それを大量に入手できたにもかかわらず、硬貨の鋳造にはまったく使わなかった。多くの文化において、金は同じように光沢のあるさまざまな素材——ほかの金属や雲母、水晶、宝石——のなかでも、とくに光や太陽、神と結びついたものとして理解されていたようだ。金を身につけるということは、それがもつ神秘的な特性——身を守り、高める力、あるいはその人をより魅力的に見せる力——を信じるということであり、それは当時の人々が金の器で食事をすれば、絶対に毒に侵されないと信じていたのと同じである。

もちろん、貨幣としての金の場合、それを人に見せることには別の意味がともなう。たとえば、現代文化では、ヒップホップの世界で生まれたブリング（*bling*）——「キラキラしたものを身につける」の意——という言葉が広まっているが、これは富を誇示するためのひとつの方法である。しかし、ジュエリーとしての金の場合、それは見せびらかすだけのものではなく、その力を体に引きつけておくためのものでもあった。王や貴族が金のジュエリーで着飾ったり、女優が映画で金ラメをまとったりと、人間が金で全身を包む方法を発展させる一方で、金にはつねに神秘的な別世界のアウラがあった。

死者のための金

ヴァルナで発見された金細工の数々を見ていると、金の装飾品が死者だけでなく、生者によっても用いられたのではないかと想像したくなる。しかし、この共同墓地を生んだ文化には文書記録がまったく残されておらず、人々が生前から金を身につけていたかどうかについての情報はほとんどない。わかっているのは、一部の特別な人間だけが死後に金で飾られたということだ。

研究者によれば、特定の墓にだけほかより多くの金が使われていることは、そこに眠る者の生前の社会的地位を表している。[4] つまり、ヴァルナの金は、性別や身分にもとづく社会的ヒエラルキーが古代から存在していたことの証拠となるわけだ。実際、そこで発見された年長の「エリート男性」の墓には、ほかのたくさんの金の副葬品とともに、金のペニス・カバーまで含まれていた。これに対して、いくつかの石器や土器はあるものの、金はイヤリングか指輪、魔よけがひとつだけという墓もある。[5] 男女の遺体もそれぞれ異なる場所に埋葬されていたようで、これも地位の違いを示すものと思われる。

しかし、ほとんどの人々が比較的質素な副葬品とともに埋葬された一方で、もっとも豪華に飾られた「墓」はじつは人間の墓ではなかった。それらは人間の姿に似せて作った像を金で飾った「象徴としての

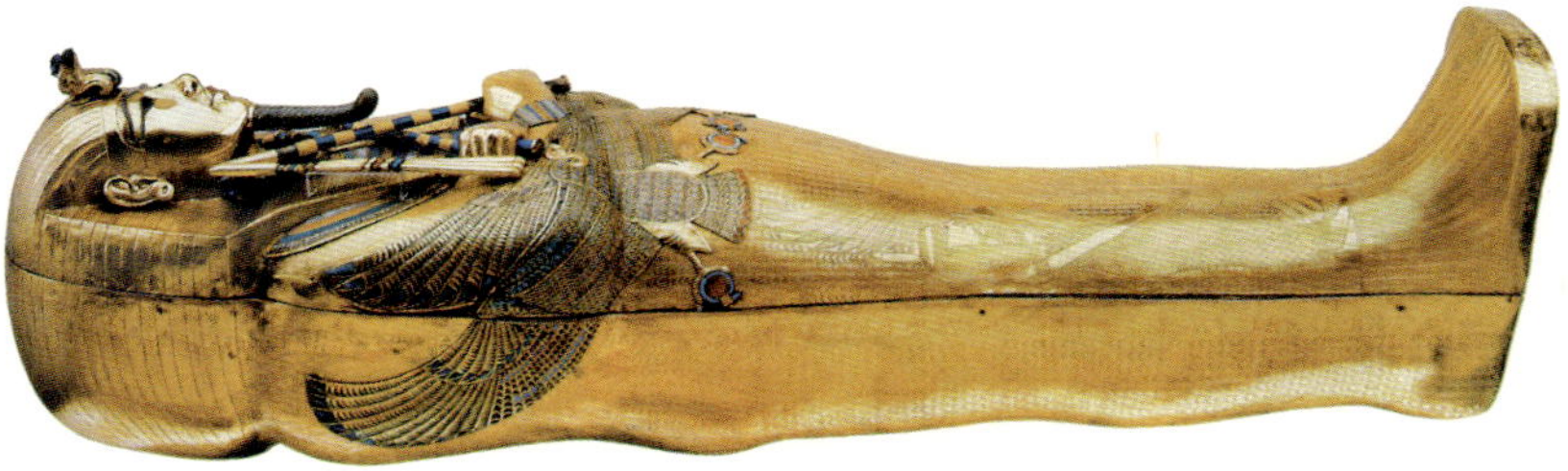

ツタンカーメンの墓にあった王の棺の最内部、
新王国時代（紀元前一三七〇年頃～一三五二年頃）、
金に準宝石がちりばめられている。

墓」であり、その社会的地位を明らかにするのは難しい。たしかに、金が多いほど地位が高いと考えられるが、実際にはそこからあまり多くのことはわからない。金が装飾として用いられた当初、それは地位を示す目印ではなかったかもしれないし、金と社会的地位との関係はその後に発展したものかもしれない。また、金細工の技術が先に確立されたのか、それとも地位を誇示したいという欲求が先にあったのかについてもはっきりしない。いずれにせよ、私たちは金が絶対的な価値をもつ現代の貨幣制度による価値観を、過去に押しつけることには慎重であるべきだ。

では、死者のなかに金で飾られた者と、そうでない者がいたのはなぜだろうか。死者を金の「皮膚」で覆うという考え方は、地中海東部に集まる古代文化の多くに見られる慣習だった（黒海に位置するヴァルナ文化はグメルニツァ文化とも呼ばれ、地中海の貝殻などの遺物が証明しているように、地中海東部のほかの文化と通商関係をもっていた）。ファラオが支配するエジプトでは、金は神々の皮膚、とくに太陽神ラーの皮膚と同一視された。そもそもファラオは神聖な存在とされ、ある碑文にはファラオが「すべての大地を照らし出す金の山」と記されている。[6] 王族のミイラは、黄金のマスクをはじめとする副葬品――ブレスレットや胸当て、サンダル、装飾を施した武器やその鞘――で飾られていた。これらは彼らの永遠の地位を約束するものであり、華麗なツタンカーメンの墓ではファラオの遺体が純金の棺に納められていた。

紀元前二千年紀にさかのぼる埋葬用の黄金のマスクは、ギリシアのミケーネでも発見されている。なかでも見事なのは、いわゆる「アガメムノンのマスク」で、ドイツの有名なアマチュア考古学者ハインリヒ・シュリーマンによって発掘された。それは当時を代表する金細工のようになっているが、じつはシュリーマンの捏造だったという可能性もあり、彼はしばしば怪しげな手法や主張を繰り返していた。[7] シュリーマンがそのマスクのために記したラベルは明らかに不正確で、それは彼がトロイかどうかもはっきりしない場所で、勝手に「プリアモスの財宝」と呼ぶものを発見したと断言したときと同じだった。しかし、その場所から金の埋葬用マスクをはじめ、多くの金細工品が出土しているのは確かで、その信憑性についても問題はない。

また、金の副葬品は定住性の文化に特有のものではなく、遊牧民の慣習にも見られた。スキタイの貴族とされる「黄金人間」は、紀元前五世紀から四世紀、現在のカザフスタン南東部にほぼ完全な金の装束で埋葬された。イエズス会宣教師のベルナベ・コボの報告によれば、インカ人もまた、死者の「口や手、胸などに」銀や金を置いたという。[8] 死者を金とともに埋葬したのは、人々がそれを生前よりもむしろ死後に必要としたからなのだろうか。それとも、金を儀式に用いることがその経済的価値よりも重要だったからなのだろうか。あるいは、その両方なのだろうか。

アガメムノンのマスク、鍛造金、
紀元前一五五〇年頃〜一五〇〇年頃(?)

何千という金のピースで作られた紀元前五～四世紀の戦士の装束（復元）、
スキタイの「黄金人間」、アルマトイ、カザフスタン

これに関して言えば、中世のフランスはその両方だった。当時、身分の高い死者には儀式として金糸織の布が与えられたが、葬儀後は生きている者たちのあいだで保管された。ところが、亡くなった王の棺にかけられた金糸織の覆いは、棺を担いだ葬送者と、王が埋葬されたサン＝ドニの教会堂の修道士たちのあいだで何度も激しい議論の的となり、どちらの側もその所有権を主張して譲らなかった。[9]

先に示したように、ヴァルナ遺跡の重要な特徴のひとつは、「死者」が土や石で作られた人間の像であり、本物の人間の遺体ではないということだ。こうした「象徴としての墓」では、像の多くが人間の遺体よりもずっと丁寧に、ずっと豪華に金で飾られている。だが、それらが実在の人物を表しているかどうかは謎である。もしかしたら、死者の像を作るという慣習は、『ギルガメシュ叙事詩』の一節に関係があるのかもしれない。それによれば、シュメールの伝説の王ギルガメシュは、死んだ友人エンキドゥを偲んで、彼の像の制作を命じた――「ラピス・ラズリが君の胸、金が君の体！」[10]。こうした例からわかるのは、たとえ金を用いることのおもな目的が宗教的なものであるにせよ、実際は名誉を明らかにし、その社会的地位を誇示するためだったということだ。ただし、信仰における金についてはつぎの章で考察することにして、ここでは服飾品としての金について探究する。ヴァルナの墓地は、人類最古の金細工が死者の装飾に用いられたという重要な事実を伝えている。

生者のための金

古代、生きている人々は金を身につけたのだろうか。これに答えるのはさらに難しい。南北アメリカ大陸の人々によって使われた金細工品のうち、ヨーロッパによる征服とその余波を生き延びたものはほとんどない。これらふたつの文化の出会いは、金に関する価値の認識が根本的に異なる文化の出会いでもあった。南北アメリカでは、金は装飾のために用いられ、社会的・宗教的な価値を象徴するものではあったが、いったん溶かしてしまえば、金にいわゆる経済的な意味での価値はなかった。一方、ヨーロッパ人はこれとは正反対だった。スペインの征服者たちが奪ってヨーロッパへ持ち帰った金細工品は、遅かれ早かれ、そのほとんどが溶解された。新大陸の貴重な芸術がこうした悲しい運命に終わった原因は、乱暴な経済至上主義にもあった。また、ヨーロッパ人がそれを異教徒の危険な偶像崇拝として解釈し、懸念したことも一因と考えられるが、だからといって征服者が現地の文化的記憶を意図的に破壊していいことにはならない。しかも、コロンブス以前の時代からあった芸術品の破壊は、征服によって終わったわけではなかった。イングランド銀行は一九世紀半ばまで、毎年、何千ポンドもの価値がある古代アメリカの金細工品を現金に換えていた。[11]

したがって、現在、コロンビアの首都ボゴタにある黄金博物館のような施設に展示されている古代アメリカの金のほとんどは、最近になって墓地から発見されたものである。しかし、金は死者だけでなく、生きている人間によっても身につけられていたようだ。それはスペイン人が残した記述からも明らかで、金細工そのものを見ても明らかだ。ミステク族の職人たち――アステカ帝国のた

蝋型法の鋳造によって作られたミステク族の金の胸当て、
アステカの神シウテクトリが描かれている。紀元一五〇〇年頃

めに働き、南北アメリカでもっとも優れた金の装飾品を生み出した——は、胸当てやマスク、頭飾りや顔飾り、耳当てといった装飾品を、生きた肉体のあらゆる動きに耐えられるように丁寧に作り込んだ。アンドレ・エメリッヒの言葉を借りれば、「ミステク族の装飾品は（中略）非常に繊細であるにもかかわらず（中略）けっして意図した用途に耐えられないほど弱いわけではない」。[12]

一方、多くの現代人にとって、身につけるための金といえば、もっとずっとシンプルな装飾品が思い浮かぶのではないだろうか——指輪、とくに結婚指輪である。結婚式における指輪の交換は古代ローマの風習に由来したもののようだが、指輪を身につけること自体の歴史はもっと古い。紀元前三千年紀、エジプトやメソポタミア（現代のイラク）のシュメール文化の金細工職人たちは、焼きなまし（金属を加熱し、打ち延ばしの展延性を高める）や針金作り、はんだ付け、鋳造といった高度な技術を発達させた。指輪が（死者だけでなく、生者のための）金細工品として主要な存在になったのは、この時期のことだった。

こうした指輪には実用的な役割があった。たしかに、それらは墓から（しばしば大量に）発見さ

アフロディテとエロスが沈み彫りにされた金の指輪、紀元前四〇〇年～三七〇年

れているが、それでもさまざまな文書や実物の摩耗した様子から、指輪がただ死者を飾っただけではなく、生きている人間によっても実用目的で使われていたことがわかる。指輪のおもな役割は印章としてのもので、今日では「シグネット・リング（印章指輪）」として知られている。そのもっともシンプルな形では、平らに広がった部分が印章になっており、そこに文字や像が「インタリオ（沈み彫り）」にされている。そしてその印章を蠟や粘土を使って文書などに押し当てることで、持ち主は自分の身元を公式に証明することができる。

指輪によっては宝石にインタリオが施されているものもあり、これも印章としての役割を果たした。これらの指輪は身元を示すマーカーとして、とくにさまざまな取り決めや交換が行なわれる社会生活において役立った。一方、インタリオに特定の神々が描いてある場合などは、信仰心を示すために使われたとも考えられるし、魔力をもつお守りとして使われたとも考えられる。なかには指輪の宝石がスカラベ（聖甲虫）の形にかたどられており、半球形の表側にはそのこんもりとした背中や羽根が表現され、印章となる裏側は土台が回転する作りになっているものもある。つまり、魔よけの意味をもつ印章面は、表からは見えないが肌には触れている状態で身につけることができ、土台を回転させれば、それを粘土や蠟で押印できるようになっていた。

指輪はさまざまな金属で作られ、個人の身元を示す道具としての役割も兼ねて、古代エジプトやギリシア・ローマの社会で広く用いられた。なかでも金がより好ましい素材であったことは明らかで、それはお守りとして別の形でも使われた（たとえば、魔法の呪文を記した金箔が特別な容器に丸めて保管された）。こうしたお守りタイプの指輪には、愛と多産をモチーフにしたものが多く、このことはローマ時代に発展した指輪が、やがて金の結婚指輪としての役割を果たすようになったことを示唆している。

結婚式での指輪の交換は、ローマ時代の婚約の風習から発展したもののようだ。のちの中世ヨーロッパでは、婚約のときだけでなく、結婚のときにも指輪を贈る習慣が生まれた。紀元一世紀、大プリニウスはこうした儀式――結婚の約束を表す指輪の交換も含まれていた――において、金の指輪がそれまでの質素な鉄の指輪に取って代わったことを嘆いた。彼は「人道に反するもっとも卑劣な罪は、最初にその指に金をはめた者によって犯された」と大げさに記している。[13] 彼にとって、この贅沢すぎる指輪はローマ帝国の堕落を象徴するものだったのだろう(大プリニウスの約一世紀後、キリスト教神学者のテルトゥリアヌスも、かつて女性が知る唯一の金は――彼の時代に見られた贅沢すぎる装飾品とは対照的に――結婚指輪だけだったと嘆いた[14])。

金と碧玉で作られたフェニキアのスカラベの印章指輪、王座につく人の姿が描かれている。紀元前八世紀～三世紀

今日、結婚とは一般に、おおむね平等で誠実なパートナーとのあいだに結ばれた永遠の絆と考えられている。こうした考え方は、じつはまったく新しいものではない。それは結婚を家同士の結合や財産譲渡のための契約とする基本的な考え方とともに、古くから存在した。後者の解釈によれば、花嫁は本質的に財産のひとつであり、西ヨーロッパではこうした考え方が近代まで続いた（実際、結婚の手続きに指輪が使われるようになった由来をたどると、花嫁が夫の住まいへ連れていかれた鎖だったとも言われる）。これは女性には出産以外に果たす役割が何もなかったという意味ではない。ローマ時代の婚約指輪には鍵の形をしたものがあり、これは花嫁が夫の家庭や財産を守るという将来的な役割を表していた。このように金の指輪は、個人同士の絆としての結婚と、経済的取り決めとしての結婚をつなぐものである。指輪が示すのは結びつきであり、ふたりの人間による合意（身元を保証するものとしての古代の役割に由来するのかもしれない）であり、愛の証でもある。しかし、同時に指輪は結婚という取引の経済的役割の象徴でもあり、その素材が金のように高価なものである場合はとくにそうだ。

金の織物

一五世紀から一八世紀の近世前期におけるヨーロッパ宮廷の服飾品にくらべると、金の指輪はずっと控えめである。当時のきらびやかなショーは、権力を誇示し、名声を確立するための手段だった（それはちょうど、今日のアカデミー賞授賞式でセレブたちがレッドカーペットを歩くようなものだ）。テレビがなかった時代、印刷業者が生産する本は版を重ねてもせいぜい二〇〇〇か三〇〇〇部で、パンフレットや広告はそれより少なかったと思われる。そんな時代、支配者たちは臣民に対して、みずからの身をもってその権威をアピールした。戴冠式や結婚式、都への「入場」の儀式において、王族はたくさんの貴族や従者、家来を引き連れて行進したが、彼らの多くは特別な日のための金の衣装をまとっていた（それ以外には着ることを許されなかった）。ルネサンス期のフランスの歴代君主は、「成聖式」（戴冠にともなう宗教的な聖別の儀式）に金の拍車をつけ、現在、それはサン＝ドニの王家の教会堂の宝物の一部になって

サン=ドニの金の拍車、一二世紀。
一六世紀および一九世紀に追加されたものも含む。
金、銅、ガーネット、織物

いる。歴史上、金の衣装でこれほど豪華に身を飾った支配者はヨーロッパの王族だけではなかったが、彼らの様子は文書による裏づけがとくに充実している。王室の行事を記録するために出版された書物には、階級や職業による衣装の違いが非常に詳しく記されており（実際、アカデミー賞授賞式の報道に少し似ている）、細かな違いがいかに重要かが示されていた。ただし、これは少なくともその本の著者にとっては重要というだけで、こうした違いが一般の見物人にどれだけ読み取れたかは疑問である。

しかし、貴族たちの金の衣装が、平民との違いを明確にするためのものだったことは明らかだ。一三世紀のカスティーリャの法典「七部法典」には、君主による金の着用についての項目がとくに具体的に記されている。この法典によれば、贅沢な服装はそれを着た者の地位や特別さをひと目でわかるものにし、それが王であることを臣民に容易に認識させることができた[15]。マスコミのない時代のことで、君主の顔は必ずしも見慣れたものではなかったからだ。興味深いことに、スペイン人のゴンサロ・フェルナンデス・デ・オビエドも同じようなことを言っている。彼は新世界（とくにパナマ）の先住民の首長たちについて、「首長や有力者が胸や頭、腕に金の飾りをつけて戦いに出ることは、そうした地域の習慣で、それは味方と敵の双方に誰が頭目かを知らしめるためだった」と述べている[16]。

また、金の輝きは身分の違いを示すだけでなく、首長や君主に一種の神聖な地位を与えるものでもあった。古代文明なら、金がこうした役割をもっていたことは想像しやすい（たとえば、金とエジプトのファラオはともに両者の神聖な地位を反映している）。だが、表向きには一神教だったヨーロッパ人の場合、それはやや意外に思える。しかし、近世ヨーロッパでは古代の多神教への関心がふたたび高まり、それは王室の神話作者に新たなインスピレーションをもたらしたようだ。実際、王族の結婚に関する一七世紀のフランスの論文では、フランスの王や女王がさりげなく「半神半人」と呼ばれている。[17]

一五二〇年、イングランド王ヘンリー八世がカレー近郊の平原でフランス王フランソワ一世と行なった儀礼上の会見は、おびただしい量の金が身につけられたことから、「金襴の陣」と呼ばれた。テントは金の掛け布で覆われ、王とその側近たちは金の衣や金の鎖、金のベルトを身につけていた。馬は金のスパンコールや金のタッセル、金の鈴のついた装具で飾られていた。[18]二流貴族も、そのショーの雰囲気を盛り上げるため、いつもより上等な服を着ることを特別に許された。お仕着せの家来たちでさえ、本来ならそんな服を着られるような身分ではなかったが、王族の壮麗な雰囲気を損なわないために金を身につけた。

一六世紀初めのその頃までに、金の織物はフランスのトゥールですでに生産されていたが、金織物でもっともよく知られたヨーロッパの都市は、十字軍のあとに栄えたイタリアの絹織物の生産地だった（ルッカ、ヴェネツィア、フィレンツェ、ミラノ）。金織物のもととなる金糸は絹糸を中心に形成され、絹はこの当時より約一〇〇〇年前からすでにヨーロッパで生産されていたにもかかわら

ず、なおもその起源となった中国と結びつきがあった。絹織物全般、とくに金の織物は、東洋のきらびやかな雰囲気を連想させた。実際、ヨーロッパで作られた模様入りの織物は、ペルシアや中国の織物を手本としたものだった(同じ「東洋」でもいろいろあるので、ヨーロッパ人は区別するのに苦労した)。また、ダマスカスに由来するダマスク織りや、バグダッドに由来するバルダッキーノのように、一部の織物は、今でもその起源となった中東地域を示す名前をもっている。

一方、金織物がどうやってヨーロッパへ伝わったかについては、ちょっとした企みが絡んでいる。そもそも金は、中国では重んじられてはいたものの、ヨーロッパにおけるような特別な地位にはなかった。高級素材としては、金よりも翡

ブリティッシュ派(以前はハンス・ホルバイン(子)の作とされていた)、『金襴の陣*Field of the Cloth of Gold*』、一五四五年、カンヴァスに油彩

翠や青銅のほうが珍重されていた。実際、漢王朝の皇帝たちは、古代の地中海地方に見られる金の死装束ではなく、翡翠の装束で埋葬された――ただし、それには金糸も縫い込まれていた。金糸は打ち延ばした金箔を絹の芯に巻きつけることによって作られた。これと同じ金箔が、木や青銅、陶磁器でできた品々の装飾にも使われた。埋葬用の装束だけでなく、金糸は刺繍や絹の金糸織(無地の絹糸と金糸を組み合わせて織られた布)を作るときにも使われた。紀元前二世紀に始まったシルク・ロードをつうじた交易は、絹や金糸を含む中国の産物を西アジアやアレクサンドリア、シリアへもたらした。とくにササン朝ペルシアは、金糸の入った多色使いの絹織物で知られるようになった。[19]

中国の生産業者は、絹とその生産技術の独占を維持するため、養蚕の知識を用心深く守っていたが、金糸作りもその一部だった。紀元六世紀まで、ヨーロッパには絹糸を紡ぐのに必要な原材料――カイコとクワの木――がなかったばかりか、彼らはそれが中国ではなく、インドの産物だと思っていた。

そんなヨーロッパで地域的な養蚕業が始まるきっかけとなったのは、通商路の要衝にあったササン朝ペルシアがローマ帝国の衰

『テッサロニキの碑文 *Thessaloniki Epitaph*』より「キリスト降架」、一四世紀。
紫の絹地に金線の刺繍。この贅沢な祭壇の前飾りは、ビザンティンの人々がその技術を習得してから何世紀にもわたって、金の刺繍が施された織物に継続的な関心をもっていたことを示す。

退にともなって勢力を増したこと、そして東ローマ帝国の首都コンスタンティノープルにあった国立の織物工場で、地元の需要と西方地域の需要の両方に応えるだけの生糸の調達が難しくなったことだった。東方正教会のふたりの修道士（おそらくペルシア人のキリスト教徒）が中国へ旅し、滞在中に養蚕を見学したのはこの時期だった。ビザンティンの年代記編者プロコピオスによれば、ふたりは皇帝ユスティニアヌス一世に旅での発見を報告し、ふたたび旅するための支援を得た[20]。その旅で、ふたりは中国の製糸工場からこっそり原料を盗み出した――それはカイコの幼虫と小さな鉢植えのクワの木で、彼らはそれを何とか生きたまま持ち帰った。

やがて金織物や金糸の刺繡は東ローマ帝国で盛んに作られるようになり、国家工場は自国の皇帝や教会の高位聖職者たちだけでなく、ローマ帝国を引き継いだ西ヨーロッパの部族にもこれを提供した。こうした産業はペルシアやバグダッド、イスラム支配下のイベリア半島でも栄えた。金で巻いた絹糸や無地の金線のほか、イスラム世界では、金箔を張ったヴェラム（上質皮紙）を毛糸に巻きつけた織糸も作られた。イスラム独特の金襴のデザインはキリスト教のヨーロッパでも人気を博したため、それは中世末期の宗教画に多く見られた。つぎのページにある一六世紀のエドワード四世の肖像もそのひとつである。

贅沢な織物に対する需要に応えて、一二世紀のヨーロッパの金細工職人たちは銀の糸に金箔を巻きつけるという工程を編み出した。それによって金めっきを施された銀糸による「金の織物」が幅広く生産できるようになり、やがて金の針金を織物に必要な細さにまで引き延ばす技術も確立された。唯一現存している一六世紀の線引き機「バン・ドルフェーヴル」（58〜59ページを参照）はそ

作者不明、アングロ=フランドル派、
プランタジネット朝エドワード四世の肖像、
一五二〇年頃

れ自体が贅沢なものである。長さ四・四メートルもあるその機械を使えば、切り株のように太い金の針金を極細の金線に引き延ばすことができたという。

こうした技術の発展により、ヨーロッパの王族はその壮麗な演出をいっそうエスカレートさせた。一方、それは身分の低い人々が贅沢な織物を身につけることも容易にした。つまり、贅沢品の消費に関する法律――いわゆる奢侈禁止令――によって、それまで贅沢を禁じられていた人々である。金織物（をはじめ、銀織物や絹といった衣服の生地）に対する規制は、中世の奢侈禁止令の重要なポイントだった。

個人が富を誇示することを制限したこうした法律は、一三世紀に始まり、やがて衣服を細部までチェックし、身分によって細かく区別する仕組みへと発展した（たとえば、一七世紀のフランスでは、規制によってビロードのマントの縁の刺繍の幅――指一本分未満――まで決められていたほか、金のボタンや金の馬車も禁止されていた）[21]。奢侈禁止令の目的は、多くの場合、乱れた世の中で道徳を守ることとされるが、歴史家たちはこの主張に懐疑的で、そうした法律を封建時代の社会的区別を維持するための戦略と解釈している。しかし、ヨーロッパにおける奢侈禁止令の最盛期は「封建時代の」中世ではなく、身分による区別の多くが経済的実態にもとづかなくなっていた近世前期である。さまざまな支出が収入を上回り、財政が破綻しそうなとき、王族が奢侈禁止令によって臣民、とくに多額の戦費をまかなうためにたっぷりと徴税できそうな裕福な臣民のあいだで、一定の現金を保持させようとしたことは、国の政策としては理解できる。当時の法律のなかには、とくに外国の侵略から国内の産業を守るためのものもあった。一般に、そうした法律は社会の変化、とくに都市部での匿名性の高まりに対応したものだった。衣服に関する奢侈禁止令は、身分や性別、職業が目で見てわかることを人々に強要した。また、法体制はユダヤ人や貧民、外国人がそれとわかるような特徴的な服装をすることも要求し、女性の立場も（結婚適齢期か、既婚か、寡婦か娼婦かのように）区別した。

しかし、奢侈禁止令は、その表向きの目的がうまく果たされたわけではなかったようで、いつも決まって無視された。実際、禁止令を公布することは、それに従わなくてもいいというメッセージを伝える結果にさえなり、「下層」階級の人々の物質的欲望を刺激し、かえって消費に拍車をかけた。[22] フランスの哲学者ミシェル・ド・モンテーニュの言葉を借りれば、「王子以外の誰もヒラメを食べてはならない、ビロードを着てはならない、金モールをつけてはならないと定め、それを臣民に禁じることは、かえって彼らにそれを意識させ、やたらと禁じられたものを食べたり、着たりしたいと思わせることになる」[23]。実際、こうした法律は、

レオンハルト・ダナー（一四九七年～一五八五年）、線引き機、
一五六五年頃、ザクセン選帝侯アウグストのためにドレスデンで製作。
彫刻と象嵌が施された木

最初から破られるとわかって計画されたもので、それによって贅沢産業をさらに発展させるという皮肉な目的があったのかもしれない。

「金襴の陣」のような特別な場面に際して、ヘンリー八世は通常の奢侈禁止令に例外を認めた。その結果、大がかりな王族のショーの一環として、本来なら禁じられるはずの富の誇示が許され、奨励さえされた。当時の批評家は、廷臣たちが競ってきらびやかな衣装を着ようとしたため、誰もが破産しかかっていたと非難した。しかし、彼らの批評からは、奢侈禁止令という言葉が、とくに上流階級の仲間入りを狙う者たちではなく、社会全体とその価値体系に向けられているように聞こえる。たとえば、フランスの年代記編者マルタン・デュ・ベレーは、参列者たちが「自分の森や水車や畑を背負って着飾っていた」と述べている。[24] これは彼らがその実質資産を構成する地所や、それに関連する天然資源を愚かなことに使っていたという意味である。ロチェスターの司教だったジョン・フィッシャー

は説教で、美しい衣服はどれも世俗的であるばかりか、土臭いと指摘した。実際、絹は「虫のはらわたから」作られ、それを色づける染料は「卑しい生き物」に由来した。そして金は、土以外の何ものでもなかった。[25]

さまざまな世界

金の利用の歴史において、金細工職人がもっとも重視した技術のひとつが、あらゆる物を金で「包む」金めっきの技術だった。金は物の表面を覆う素材として最適だが、それはめっきに使うために簡単に打ち延ばして金箔にすることができるからだ。多くの文化で、金属細工の職人たちは銀に金めっきを施すが（できあがった物はシルバーギルトと呼ばれる）、中国の金細工職人は木や石、粘土、青銅でできた物にも金めっきを施した。先に述べたように、シルバーギルトの糸（金箔を巻きつけた銀糸）は、ルネサンス期のヨーロッパにおける金織物の生産にとって大きな成果だった。実用品であれ、宝飾品であれ、織物であれ、金をほかの素材の表面に張ることによって、この貴重な金属をより無駄なく利用できるようになった。しかし、うわべを飾るという点で、金めっきは反道徳的であるとする見方もある。英語には *gild the lily*（ユリの花に金めっきをする）という表現があるが、これは自然の美しさに余計な手をくわえる、もしくはそれを侮辱するという意味である。

一方、一九世紀後半のアメリカを指す「金めっき時代（*the Gilded Age*）」という造語は、貧富の差が広がり、都市にスラム街が増え、法による人種差別が強化されるといったさまざまな社会問題が、富を誇示することによって覆い隠された時代を示唆している。そんな「金めっき時代」なら、ソースティン・ヴェブレンの『有閑階級の理論』（高哲男訳、筑摩書房、一九九八年）のような、消費に対する批判的理論が生まれるのも当然だろう。また、ルネサンス期の君主たちにとって、金を身につけることは地位や壮麗さを誇示するためである一方、金銭を使うと同時に貯めるための手段でもあった。というのも、金の宝飾品や織物は、その物的価値のために簡単に溶かすことができたからだ。当時、それらを作る職人たちの賃金は非常に安かったため、人件費は基本的に使い捨てにできた。しかし、一九世紀の婦人服デザイナーたちは、新興成金のためにきらびやかな衣装を作り、高度な芸術スタイルを生み出した。つぎつぎと変化する成金たちの衣装は、ヴェブレンによる「顕示的消費」という言葉を体現するものだった。

　彼らの作品には、かつてのヨーロッパ人の金への憧れがオリエンタリズムという形で受け継がれた。たとえば、オートクチュールのデザイナー、ポール・ポワレは、アジアや中東をモチーフにした金ラメのパーティー・ドレスを作った。一九世紀から二〇世紀の変わり目には、より直線的でゆったりとしたシルエットのドレスを打ち出し、女性たちをコルセットから解放した――これは一九二〇年代、現代的で奔放なフラッパー・スタイルとともに人気を博した。彼と同時代のデザイナー、マリアーノ・フォルトゥニーも、エキゾティックな金ラメ使いで知られた[26]。マルセル・プルーストは、フォルトゥニーのドレスをつぎのように描写している――「あの目に見えぬヴェネツィアの、心をそそる影のように思われた。その部屋着にはアラビアふうの装飾がつけられていた――ちょうどヴェネツィアのように、ヴェールをかぶったサルタンの妃と同じく透かし彫りをした石のヴェールの後ろに身を隠しているヴェネツィアの宮殿のように（中略）（きらきらした布地の濃い青色は、）徐々に目を近づけてみるとやわらかい金に変わってしまい、それはちょうど進んでいくゴンドラの前方で、大運河の青い色が華麗な燃え上がる金属に変質するのと同様だった[27]」。［訳注：『失われた時を求めて一〇 第五篇 囚われの女Ⅱ』（鈴木道彦訳、集英社）より訳文引用］

大恐慌に見舞われた一九三〇年代、ハリウッド映画では、大胆な魅力を表現するために金ラメのドレスがよく使われた。『ザ・ウィメン *The Women*』（一九三九年）では、ジョーン・クロフォード演じる性悪女のクリスタル・アレンが、上腹部の開いた金のイヴニング・ドレスでスキャンダラスな雰囲気を出している。同じく一九三九年の『ミッドナイト *Midnight*』では、クローデット・コル

ポール・ポワレ、
「イルドレ」、金と絹で作られたドレス、
一九二二年

ベールが運に見放されたアメリカのショーガールを演じ、やはり金ラメのイヴニング・ドレスを着て、パリで騒動に巻き込まれる。一方、哀れな旅行者のふりをしていたジョーン・ベネットが、一転、きらびやかな金ラメのドレス姿で登場し、じつはアメリカの富豪の娘だったことがわかるのは『おしゃれ地獄 *Artists and Models Abroad*』（一九三八年）である。皮肉なことに、こうしたラメの金色は視聴者の目には見えなかった。白黒映画で金ラメが使われたのは、流れるような優美な輝きが生まれ、映画での写りがよかったからだが、視聴者（大恐慌を乗り越えようとしていた）はその豪華さを想像して満足するしかなかった。そして一九四〇年代、政府は映画会社に対して生地を配給制にしたため、衣装デザイナーたちは貴重なメタリック素材の使用を一時中断した。

　戦後、金は復活し、テクニカラーによってその独特の黄色い光沢も見えるようになった。『クレオパトラ』（一九六三年）でエリザベス・テーラーが着た衣装では、金によって妖艶な魅力と異国情緒の両方が表現された。純金の金糸で作られたそのドレスは、一九六三年当時で一三万ドルの制作費がかかった。[28] しかし、この映画は大失敗に終わった。もちろん、それをテーラーのドレスのせいにすることはできないが、テクニカラーがその金のコスチュームをけばけばしく見せたか、あるいは下品に見せたおそれはある。戦後の映画の主要な衣装デザインにおいて、金が高級感を出すためではなく、ＳＦのため――宇宙服、とくに宇宙人や人造人間の衣装や皮膚――に使われたのは、こうした理由からかもしれない。ＳＦ映画の金字塔と呼ばれるフリッツ・ラング監督の『メトロポリス』（一九二七年）では、金の人造人間マリアが登場するが、金ラメをまとった一九三〇年代の銀幕の女神たちと同じく、彼女も白黒だった。もっと最近の作品では、『スター・トレック』シリー

上◉『クレオパトラ』(一九六三年)のエリザベス・テーラー
下◉「スター・ウォーズ』(一九七七年)のC-3PO

ズの始まりとなった『宇宙大作戦』のロミュラン人、『フラッシュ・ゴードン』のオルネラ・ムーティ演じるオーラ姫、『ブレードランナー』のジョアンナ・キャシディー演じるゾーラ、そしてあの『スター・ウォーズ』のC－3POも、金をまとっていた。

ヴァルナをはじめとする古代遺跡で発見された金は、富や権力だけでなく、あの世——もうひとつの現実のようなもの——とも結びついていた。ハリウッド映画では、妖艶な魅力や異国情緒、そして未来の世界や宇宙人の世界を表現するために、登場人物が金をまとい、ありとあらゆる別世界の雰囲気を伝えてきた。ただし、場合によっては、金は下品でわざとらしく見えることもある。黄金時代のハリウッド映画においてさえ、金は「スター」をまさに天界人のように輝かせる道具にもなれば、物質的で卑しく見せる要素にもなった。

しかし、その卑しさがそれまでの規範を打ち破り、さまざまな抑圧の歴史に対抗する手段になることもある。ヒップホップの世界では、ブリング（*bling*）といってキラキラしたものを身につけること（本物であれフェイクであれ）が、「ゲリラ資本主義」のひとつとして機能し、アーティストたちはその過度な輝きをとおして、自分なりのイメージを構築している。[29] つぎの章では、金のもつ物質的、精神的パワーが宗教的、政治的背景においてどのように融合したかを考察する。どんなに試みても、このふたつの役割は容易に切り離すことはできない。

第二章

金と宗教、権力

金が信仰の場で使われてきた歴史は長く、その慣習は現代まで受け継がれている。現在のタイの仏教では、信者が金箔の小片を購入し（この収益は寺院の維持に役立てられる）、それを仏像に張ることによって「功徳を積む」。[1] これは口語で *ngarn pid thong phra*（仏像に金を張る祭り）と呼ばれる毎年の寺院の祭事でよく行なわれる。こうした機会に、信者たちは仏像をはじめ、仏足跡などの神聖な品々に金箔を貼りつける。なかには、仏像に自分が病気をもつ部分と同じ箇所に金箔を張り、治癒を願う者もいる。金箔の貼られ方にはムラがあり、何枚もの金箔が集中している部分があったり、ときには一部がはがれて風に揺れたりしているが、それがかえって印象深い風情を生んでいる。部外者の目には、古い金箔が何世紀ものあいだにはげ落ちてしまっているようにしか見えないが、信者の目には、それは腐食ではなく、仏像が生き続けていることの証なのである。

功徳を積むことは、個人の精神的な行為である。涅槃という究極の境地を求める信者たちは、善行を重ねることによって、生まれ変わりによるつぎの一生にも受け継がれる徳を積む。しかし、徳を積むことは、地域の人々の目に触れる社会的行為にもなる。そのため、自分の心のあり方よりも、

右◉金箔で覆われた仏像、
ワット・サケット（黄金の丘）、バンコク

他人にどう思われるかを気にして功徳をする者もいる。そこで、タイにはこうした態度を戒めるものとして、*bpit tong lăng prá* という表現がある。これは「仏像の裏に金箔を貼る」、つまり、見えないところに金箔を貼るという意味で、善行は感謝を期待することなく、ひっそりと行なうべしということだ。もちろん、金はこうした宗教的な目的に使われる一方で、経済的な目的にも使われ、その歴史も非常に古い。とくにこのタイの例のように金が公共の場で利用される場合、寄進者がこれみよがしに富を誇示し、名誉を得ようとすることも多いが、これは神に敬意を表するという本来の目的には反するようだ。

金はさまざまな文化の宗教において、神の属性とされる崇高な輝きと結びついている。それはときに非常に生理的な意味をもつ。たとえば、古代の南北アメリカ大陸では、アステカ族が金を「神々の排泄物」と表現し、インカ族は金を「太陽の汗」と考えた。古代エジプトでは、金はもう少し上品に、神々の血や肉と考えられた――太陽神ラーや冥界の王オシリス、愛の女神ハトホルはとくにそうで、ハトホルは金そのものと同一視されることもあった。[2] ヒンドゥー教の聖典では、金はヴァイシュヴァルパ神の体の一部に由来するとか、造物主プラジャーパティの熱から発せられるとか、創造神ブラフマーの誕生を助ける（水と、火の神アグニの種子を合わせてできた「黄金の卵」から）などとされ、シヴァ神は金の流動体とされている。古代インドの長編叙事詩『ラーマーヤナ』では、金（をはじめとするすべての金属）は、アグニの種子をつうじて大地の胎内で生み出される。[3]

このように、金には本質的に神聖な性質が備わっており、そのことが金を信仰の場にふさわしいものにしている。実際、古代インドの宗教における生贄の儀式に関連する物品や道具は、しばしば

ミャンマーの旧首都ヤンゴン(旧称ラングーン)に
あるシュエダゴン・パゴダ、
紀元六世紀

金でできていた。一方、金は南アジアや東南アジアにある多くの寺院の外観も飾っている。ミャンマーの旧首都ヤンゴンにある仏教寺院、シュエダゴン・パゴダには黄金のストゥーパがそびえ立ち、ゴールデン・ロックとして知られるチャイティーヨー・パゴダは、金箔を施した巨岩の上に建っている。また、インドのアムリツァルにあるハリマンディル・サーヒブは、シーク教の総本山で、黄金寺院と呼ばれている。

世界でもっとも裕福とされるのは、同じくインドのパドマナーバスワーミ寺院で、ケララ州ティルヴァナンタプラムにあるこの寺院の内部には、USドルで数十億ドル分に相当する金の財宝が眠っている。ほかにも世界中の寺院で金が輝きを放っている。イスタン

黄金寺院として知られるハリマンディル・サーヒブ、
アムリツァル、インド、
紀元一六世紀〜一七世紀

ブールにあるアギア・ソフィア大聖堂のモザイク画は金のテッセラでできており、メキシコシティのメトロポリタン大聖堂にある「王の祭壇」は金箔に包まれ、威容を誇っている。インカ帝国の金の寺院は、スペイン人による略奪のせいで物的証拠がほとんど残っていないが、太陽の神殿コリカンチャ（「金で囲まれた場所」）は、史上もっともまばゆい建物だったとされ、内外ともに金箔で覆われ、金の装飾で埋め尽くされていたという。

コリカンチャのような場所のほかに、インカの王たちはその神聖な出自を示すため、王位の象徴たる金銀の宝器（王笏や槍、矛槍など）を所有した――支配階級は太陽と月の子孫と考えられていた。[4] エジプトの神殿や王墓では、浅浮き彫りや金属被覆材によく金箔が施されたほか、王族の遺体は金の副葬品とともに埋葬され、その棺は金で飾られた。

キリスト教のヨーロッパでは、君主たちの金の王冠に宝石がちりばめられ、多くはそこに精神的なパワーと政治的なパワーとの結びつきを象徴する十字架が組み込まれた。こうした神聖な金の宝器をめぐる話は、そもそも支配階級のために存在し、彼らはその権力を神から与えられたものとし、ときには司祭としての役割も果たした。

ギリシアの歴史家ヘロドトスによれば、スキタイ人は黄金の器物（杯、斧、くびきと鋤）が天から落ちてきて、彼らの支配者を定めると信じていた。[5] だが、ヘロドトスが内モンゴルのオルドス文化に金をもたらした実際の経緯を知っていたはずはなく、彼の話は神話で脚色されているようだ。

ユーラシアの大草原地帯に住むオルドスの牧畜民――ギリシア人がスキタイ人と呼んでいた集団の一派――は、家畜を追い、彼らがどの素材よりも珍重した錫《すず》で覆った青銅から非常に美しい装

アギア・ソフィア大聖堂にあるビザンティンのモザイク聖画に描かれた
キリストの近接写真、イスタンブール、トルコ。
金とガラスのモザイク、九世紀(紀元八六七年以前)

飾品を作り出していた。しかし、紀元前四世紀、金を重んじていたとされる遊牧騎馬民族が彼らの生活を一変させた。オルドスの牧畜民はすぐに騎馬と遊牧の生活を受け入れ、金を頂点とする金属のヒエラルキーを確立した。ただし、彼らが金の物品を生産することはなく、まばゆいばかりのベルトの留め具や馬を飾る装具は中国で生産され、とくに北の隣国へ輸出された。それから一六〇〇年後、牧畜民から遊牧騎馬民族となった彼らの子孫が中国の輸出商の子孫を征服したのは、フビライ・ハンが中国を征服し、元朝を創建したときだった。[6]

スキタイの王の宝器と同じく、西アフリカのアシャンティ族の王の宝器とされる「黄金の床几」も、やはり天から落ちてきたと信じられていた。アシャンティ

メキシコシティのメトロポリタン大聖堂にある「王の祭壇」

は現在のガーナにあり、かつてヨーロッパ人に「黄金海岸」と呼ばれていた地域の一部である。この床几――*Sika Dwa Kofi*（「金曜日に生まれた金の床几」）――は、一七〇一年に初代アシャンティ王オセイ・トゥトゥの膝に落ちてきたとされている。その上にはいくつもの鐘がついており、ひとつは民を呼び集めるもの、ふたつは床几が行進によって運ばれる際にその到着を告げるもの、そして人間の形をした一連の鐘はアシャンティ王が倒した敵を表している。[7] アシャンティ族にとって、金は王権を誇示するための重要な要素であり、それは今も変わらない。この床几のほか、アシャンティの王や廷臣たちが身につける金細工品には、指輪やネックレス、帽子、そして儀式用の剣の飾りなどがある。王の魂から国家的暴力による心の汚れを取りのぞく役目を任されている廷臣は、*akrafokonmu*（「魂を浄化する者の円盤」）を身につける。また、

アシャンティ族の最高支配者である王と「黄金の床几」、アクラ、黄金海岸、英領西アフリカ、一九四六年一二月

王の代弁者は *kyeame poma*（金の先端装飾がついた「言語学者の杖」）を持つ。

このほか、金がアシャンティ王国において重要な象徴的地位にあることは、金以外で作られた物にも表れている。たとえば、一般に真鍮からできていた金の分銅には、一七世紀に始まる精巧な装飾と具象的形状が見受けられる。一方、黄金の床几は非常に神聖な存在とされているため、王でさえそれには座らず、数少ない披露の際にはヨーロッパ式の専用の椅子の上に安置される。

アシャンティ王国が新たに英国の植民地にくわわった一九〇〇年、総督に就任したフレデリック・ホ

魂の円盤ペンダント（*akrafokonmu*、「魂を浄化する者の円盤」）、ガーナ、一九世紀。鋳造金

ジソン卿は傲慢にもその床几に座ることを要求した。この侮辱に対して、アシャンティは反乱を起こし、首都クマシにいた英国人を包囲した（この「黄金の床几戦争」は、ヴィクトリア女王とヤア・アサンテワ皇太后というふたりの女王による戦争でもあった）。アシャンティは最終的に英国に併合されたが、床几は守られ、今でもガーナで王国の権勢を語り継ぐ象徴として大切にされている。

ついでに世俗的な話をすると、君主たちは古くから、指輪や杯やメダルといった金の記念品を寵臣や従僕に与える特権をもっていた。こうした慣習がもとになって、コンテストの賞として「金メダル」が与えられるようになった。この制度は近代初めのヨーロッパでさらに発展し、一九〇〇年頃、彫刻を施した金属メダル（金・銀・銅）が近代オリンピック大会で使われるようになった。

金の文書

金の宗教的な用途のひとつに、文字を書くためのシートとして、あるいは文字を書くためのインクとしての金がある。モルモン教会の創設者であるジョゼフ・スミスは、モロナイという名の天使から「金版」を受け取ったとし、そこに書かれていた原文を翻訳し、一八三〇年に『モルモン書』として出版した。一方、古代の地中海地域では、人々は文字が刻まれた金の薄板――*lamellae*、もしくはオルフェウスの金板――を用意し、これを来世への旅の「パスポート」として使った。それらはときに特定の形にカットされ、お守り（魔よけ）として丸められ、死者への慰めと訓戒の言葉が刻まれて、冥府への旅路の手引きにされた。その魔力を期待して、生きている者たちがこれを防御のため、勝利のため、あるいは恋のまじないのために使うこともあったようだ。

初期の多くのヨーロッパ文化では、一部の個人が埋葬のときに金貨を口に入れてもらったり、遺体に添えてもらったりした――ギリシアでは、これは「カロンの銀貨」と呼ばれ、ステュクス川（三途の川）の渡し守に払うための硬貨とされた。金貨より控えめな例として、これらの「硬貨」の代わりに、人間の姿や神話の登場人物の姿を型押しした薄い金箔が使われることもあった。

一方で、金の神聖なものとしての利用が、通貨としての利用に先行したかどうかにかかわらず、多くの文化が金の宗教性と世俗性をめぐる問題に直面してきた。つまり、金は宗教的慣習において矛盾した位置を占めることが多い。金は本質的に気高い金属なのか、それともその価値は貨幣と同じく、たんに人間が作り出したも

オルフェウスの教えが刻まれた金板、
紀元前三世紀～二世紀、ギリシア

のなのか。金は神への礼拝にふさわしい媒体なのか、それとも金の物質性はそのスピリチュアルな力とは相容れないものなのか。金にはその経済的な価値にくわえ、人の目をくらませるような「眩惑性」があるため、道徳的な観点からも疑いを招きやすかったと言える。

ヘブライ聖書（キリスト教徒には旧約聖書として知られる）には、信仰における金の利用をめぐって生々しい説話がいくつも含まれており、そうした場面では、金は明らかに矛盾した地位にある。金が否定的な意味で最初に登場するのは、「金の子牛」という偶像としてだった（7ページを参照）。出エジプト記で、モーセがシナイ山に登って掟の板――十戒――を授かろうとしているとき、待ちくたびれたイスラエルの民は、モーセの兄アロンに自分たちを導く神々を作ってほしいと頼む。

アロンは彼らに言った。『あなたたちの妻、息子、娘らが着けている金の耳輪をはずし、わたしのところに持って来なさい。』民は全員、着けていた金の耳輪をはずし、アロンのところに持って来た。彼はそれを受け取ると、のみで型を作り、若い雄牛の鋳像を造った。すると彼らは、『イスラエルよ、これこそあなたをエジプトの国から導き上ったあなたの神々だ』と言った。

（出エジプト記第三二章二節～四節）［訳注：新共同訳聖書より訳文引用］

「金の子牛」を作ることは、十戒の一部に抵触する行為だ。最初に「わたしは主、あなたの神、あなたをエジプトの国、奴隷の家から導き出した神である」［訳注：新共同訳聖書、出エジプト記第二〇章二節より訳文引用］と明確に宣言し、ほかの神々を崇めること、そして彫像を作ることを禁じている。

イスラエルの民が、彼らのまだ知らない掟を破ったからといって罰せられるべきかどうかは、たしかに問題である。しかし、なぜ偶像を作ったのかという意図に関して、この話はのちのヨーロッパにおける偶像崇拝をめぐる宗教論争にもつながっていく。先の引用によれば、アロンは自分の手で子牛を作ったにもかかわらず、山から戻ったモーセになぜそんな偶像があるのかと聞かれて、「彼らは［金を］わたしに差し出しました。わたしがそれを火に投げ入れると、この若い雄牛ができたのです」［訳注：新共同訳聖書、出エジプト記第三二章二四節より訳文引用］と答えている。アロンは自分の手で偶像を作ったことを忘れてしまったのか、それともただそれを恥じて、ごまかそうとしているのか。

人間が自分の手で宗教的偶像を作っておきながら、結局、その事実を忘れたり、隠したりすると

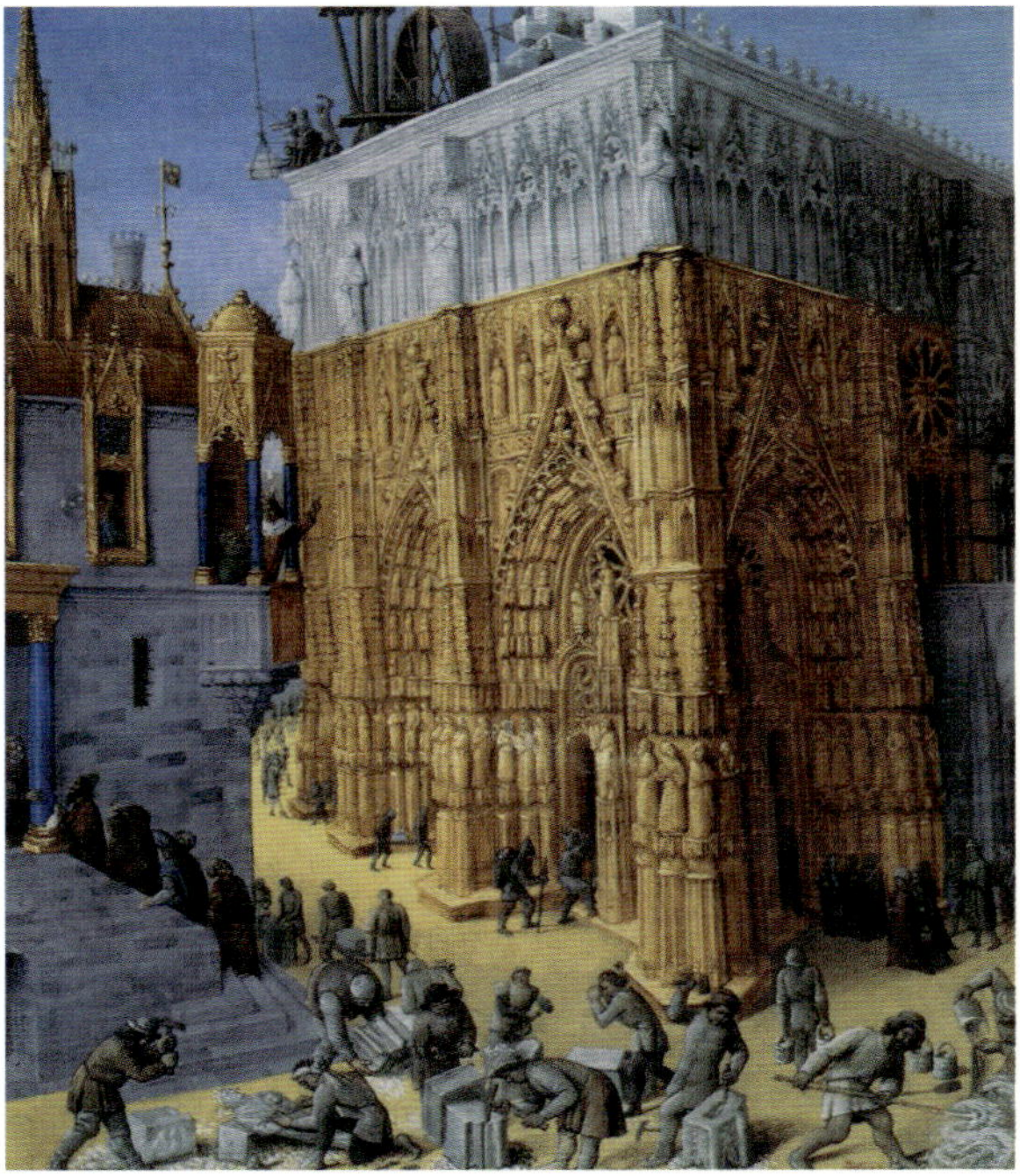

マスター・オヴ・ザ・ミュンヘン・ボッカチオ、
ソロモン王の命令によるエルサレム神殿の建設、
一五世紀、羊皮紙に顔料と金

いう行為は、何世紀もまえから繰り返されてきた。人間の手で作られた物に神性が宿ると考え、それを崇拝することは、偶像崇拝の主たる行為である。偶像崇拝に対する聖書の批判でよく言われるのは、偶像崇拝者は自分が崇拝している物体と同化するというもので、人間は生命のない物に生命があるように考えると、自分が物のようになってしまうらしい。

こうした性質は金に特有のものではなく、貴金属に特有のものでもない――木がしばしば例に挙げられるのは、おそらく、木を意味するギリシア語の *hule* が物を表す一般語でもあったからだろう。しかし、金は偶像崇拝をめぐる聖書の議論において特別な位置づけにある。偶像が「銀や金でできている」とする考え方は、詩篇にもホセア書にもイザヤ書にも出てくる。新約聖書の使徒言行録のなかで、パウロはこうした古い時代の主張を繰り返している――「わたしたちは神の子孫なのですから、神である方を、人間の技や考えで造った金、銀、石などの像と同じものと考えてはなりません」［訳注：新共同訳聖書、使徒言行録第一七章二九節より訳文引用］。

にもかかわらず、聖書は金が神を崇め、神聖なものを象徴するのにふさわしい手段だと考えるだけの題材を提供している。モーセはイスラエルの民が「金の子牛」を崇めていることに憤慨し、掟の板を投げつけて砕いたが、その砕かれた板と同じものがエルサレムの神殿――至聖所――に安置されるようになり、ソロモン王はこれを金の品々で飾り、金で完全に覆ったとされている。聖書によれば、ソロモンの父ダビデ王は、神殿建設のために息子に金一〇万タラントを与えた。タラントとは重量の単位だが、それが正確にどのくらいの量の金を表したかはわからない。ただし、銀一タラントで三段櫂のガレー船一隻の乗組員を一か月まかなえたということから、金一〇万タラントは相当の価値があったと思われる。ソロモンの神殿のほかに、ヨハネが黙示録で幻のなかに見たという「新しいエルサレム」――天に存在することは確か――も、やはり純金で築かれ、舗装された都である。

このように、聖書は金を肯定的にも否定的にも考えられるだけの根拠を提供した。キリスト教の神学――ローマ帝国、それ以降は中世ヨーロッパやビザンティウムで体系化された――でも、物質世界を受け入れる一方、それに対する敵意も表された。西ヨーロッパにおいて、キリスト教はつましい人々による隠れた信仰として始まり、やがてローマ帝国の正式な国教となった。皇帝コンスタンティヌス一世が三一二年にキリスト教へ改宗したことで、教会は帝国の威光をまとうことになったのである。これ以降、キリスト教会は恒久かつ公共の建造物として建設され、外部は金

サンタ・プラッセーデ教会の聖ゼノ礼拝堂のモザイク画、紀元九世紀、ローマ、イタリア

めっき、内部は光り輝く金箔と金のテッセラによるモザイクで飾られた。[8] 紀元四世紀、こうした「金」のモザイクの細片（ガラスで覆われた金の薄板でできている）は、教会の後陣などに描かれた絵の背景として一面に使われるようになり、純金の下地という印象を生み出した。[9]

先に述べたように、物質としての金は別世界の輝きを表した一方、ときにはそれと対立することもあったようだ。古文書における金の意味を明らかにしようとする聖書学者たちの多くは、金は象徴として解釈されるべきだと主張した。つまり、金は贅沢さというよりも、精神の崇高さを意味したということだ。[10] キリスト教の初期に記された書物のなかで、聖ヒエロニムスは、紫色の羊皮紙に金の文字で書かれた（金泥書きと呼ばれる手法）贅沢な福音書写本の流行を批判し、ヨブ記の翻訳に寄せた序文のなかで、一部の者たちはその内容の正確さよりも、本の贅沢さを気にしているのではないかと示唆した。彼の書簡のひとつには、「羊皮紙が紫色に染められ、文字を書くために金が溶かされ、写本が宝石で飾られている。その一方で瀕死のキリストが裸で玄関に横たわっている」と書かれている。[11] ところが、ヒエロニムスの批判にもかかわらず、裕福なパトロンたちは、金のインクで書かれ、金箔の挿し絵が入った贅沢な写本をこぞって注文した。たとえば、「パラティヌス写本」や「シノペ福音書」は、紫色に染められたヴェラム（上質皮紙）に金文字が記されたラテン語とギリシア語の写本である。

イスラム教においても、コーランに金文字などの装飾を使うことを禁じる一方で、その掟に反するような豪華な彩飾写本が存在した。[12] 金はコーランに八回登場し、信者が楽園で得られるとされる快楽や贅沢について四回触れられている。コーラン第四三章七一節では、楽園の黄金の皿には「人々が望むものすべて」が入っていると書かれている。にもかかわらず、コーランは金の装飾品を禁じ、現世で金銀の杯を使う者は、必ずや胃に地獄の炎を感じるだろうとしている。イスラム教の写本彩飾家たちが「青のコーラン」のような写本を作ったのは、キリスト教の慣習にならってのことかもしれない。紀元九世紀末もしくは一〇世紀初めにテュニジアで書かれたこの写本は、インディゴ藍で染められたヴェラムに金の文字が記されていた。最古のモスクでは、モザイクのテッセラでできた金の文字が聖なる碑文に使われていた。クーフィー体として知られるアラビア文字の書体は、コーランの手書き写本の書体として八世紀の変わり目に登場したが、もとはこの金のモザイク文字から発展したものだ。[13] 下の図は、金のクーフィー体で書かれたコーランの豪華

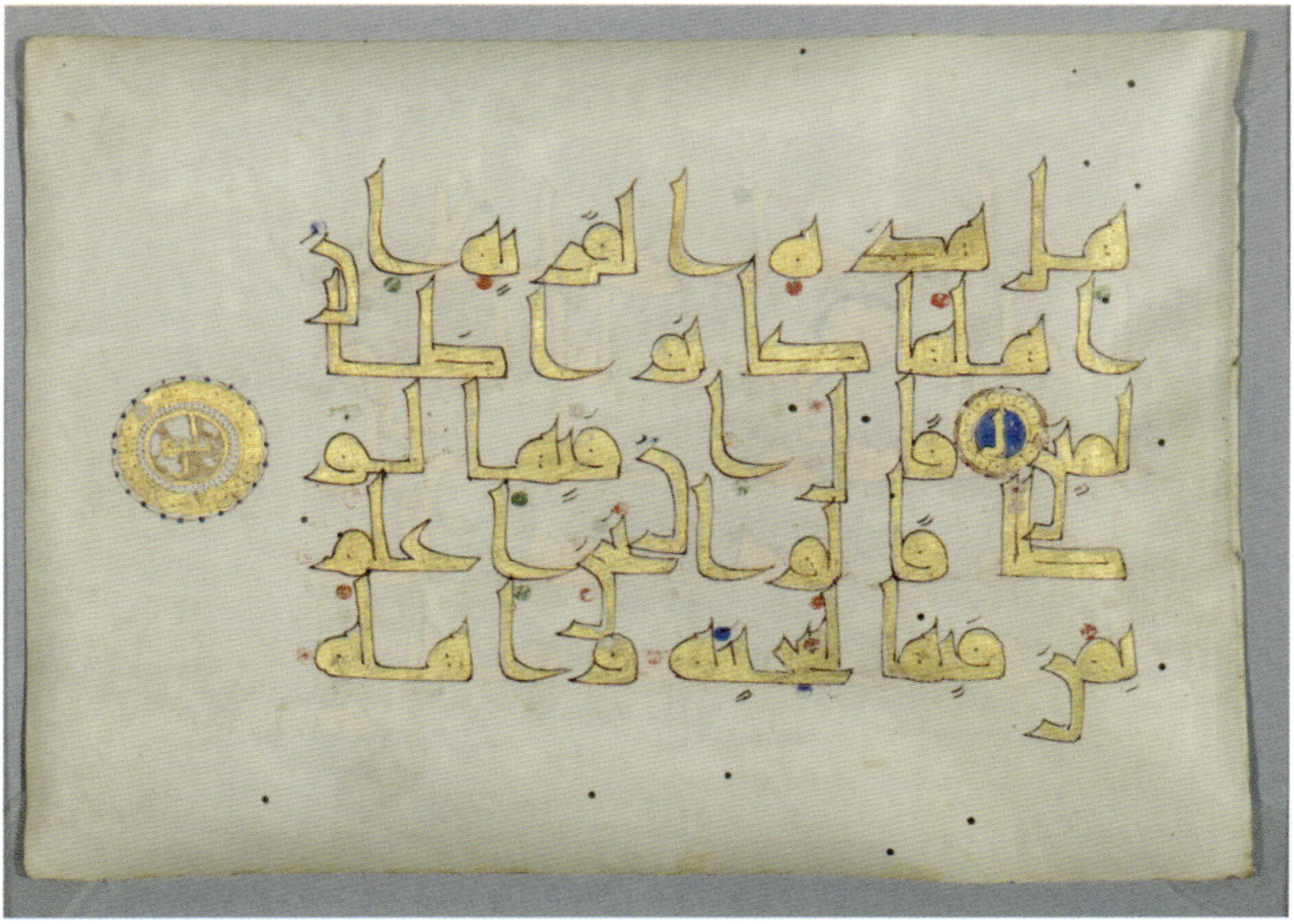

金のクーフィー体で書かれたコーランのフォリオ、
紀元九世紀〜一〇世紀頃、
羊皮紙に金とインク

コーラン写本のフォリオ、
一一八〇年頃、セルジューク帝国(
イラン東部もしくは現在のアフガニスタン)、
紙にインク、不透明水彩絵の具、金

な写本の例で、一ページに数文字しか記されていないことはその贅沢さの証である。一方、金は文字を書くための下地としても使われ、セルジューク朝のコーランの写本は、金の下地に黒のクーフィー文字で書かれている。

イスラムの写本における金の装飾的書体は、決まって神の名を記すため、あるいは章題を記すためといったハイライトとして用いられた。しかし、ときには金が写本の挿し絵で説明的な役割を果たすこともあり、預言者を象徴する炎や聖なる存在を示すのに使われた。それは預言者ムハンマドの昇天についての神秘的なエピソードにおいても同じだった。『ミーラージュの奇跡 *Mirâj Nâmeh*』と呼ばれるこの物語は、形を変えて何度も語られてきた。預言者ムハンマドは、天使ガブリエルによってメッカのモスクからエルサレムの「遠隔のモスク」へと一夜のうちに運ばれた。彼はそこで天へ昇り、最終的に神の玉座の御前に立つ。写本では、ムハンマドを包む預言者の炎や、彼が遭遇する神聖な景色の要素を示すため、よく金の装飾が用いられた。

地獄の門のまえで祈る預言者ムハンマド。ミール・ハイダルの『ミーラージュの奇跡 *Mirâj Nâmeh*』より、アフガニスタンの都ヘラートにあったティムール朝の王立工房にて制作、一四三六年、紙に顔料、インク、金。フランス国立図書館所蔵

パリのフランス国立図書館には、この『ミーラージュの奇跡』を描いた一五世紀の贅沢な写本が保存されており、それはティムールの王立工房で制作され、ウイグル語で書かれている。この写本は一六七三年、『千夜一夜物語』のフランス語訳者であるアントワーヌ・ガランによってコンスタンティノープルで入手されたのち、フランスへもち込まれた。ムハンマドが聖なる存在と遭遇する場面を描いたページでは、彼が金の炎に包まれている。このエピソードは彩飾写本によく見られ、同じエピソードが『イスカンダル（アレクサンドロス）の英知の書 *Book of Wisdom of Iskandar*』にも登場する。これはペルシアの詩人ジャーミーによる長編叙事詩『七つの王座　*Haft Awrang*』の第七編にあたるもので、一六世紀のサファヴィー朝ペルシアの時代にその贅沢な彩飾写本が作られた。このなかで、顔を白いヴェールで覆われたムハンマド——尊敬を表すための決まり——は、金の炎に包まれ、天使たちにともなわれて、人間の頭をもつ天馬に乗っている。

「ソワッソンのサン・メダール福音書」より
福音史家マルコ、紀元九世紀

右◉『預言者のミーラージュ　*The Mirâj of the Prophet*』。
ペルシアの詩人ジャーミー（一四一四年〜一四九二年）による
『七つの王座　*Haft Awrang*』のフォリオ、一五五六年〜六五年の
サファヴィー朝時代に書かれたと思われる。
紙に不透明水彩絵の具、インク、金

一方、金は中世ヨーロッパの写本でも広く用いられた。カール大帝をはじめとする歴代君主のあいだでは、金で書かれた贅沢な福音書の伝統が継承された。たとえば、紀元九世紀初めに作られた「ソワッソンのサン・メダール福音書」は、紫色に染められたヴェラムに金の文字で書かれている。しかし、中世後期になると、金は写本の装飾としてはごく平凡な表現形式となった。技術的に、写本が「彩飾」されていると見なされるためには、金か銀の装飾がなければならなかった。もともと画家たちは、ほかの顔料と同じく、絵筆を使って塗れるように金粉を絵の具に混ぜて使っていた。こうした「貝殻入りの金」――ほかの顔料と同じく、二枚貝に入れて保管された――は、金を塩や蜂蜜とともにすりつぶし、粉にすることによって作られた。薄い金箔シートを形成するよりも、叩いて粉にした金のほうが使いやすかったからだ。それが一二世紀になると、彩飾家たちは金箔をページの選んだ箇所に張り、レタリング（とくに見出しや「ノミナ・サクラ（神聖名）」）をはじめ、欄外飾りや模様、人物像などの背景やハイライトとして用いるようになった。

「黒の時祷書」、彩色が施された黒のヴェラムに金の文字で記された時祷書のひとつ。ブリュージュ、ベルギー、一四七〇年頃

こうした写本制作における金の利用は、紀元一二〇〇年頃から急激に発展した。というのも、西アフリカとの金貿易の高まりや、一二〇四年の第四回十字軍によるコンスタンティノープル攻略にともなって、ヨーロッパでの金の供給が増加したからだ。[14] さらに、中世後期の都市部での出版産業の成長も、金箔の利用が増す一因となった。特別な工房で働く専門の彩飾家たちは、修道院の写字生たちにくらべて、金箔を使用するためのよりよい環境に恵まれていた。金箔は扱いが難しく、風を完全に遮断した作業場を必要としたが、写字生たちは屋外の回廊に隣接した小部屋で作業することが多かった。

こうした専門の彩飾家によって作られた写本の種類として、もっとも一般的なもののひとつが「時禱書」だった。これは裕福なパトロンから依頼されたり、買い手を当て込んで作られたりした個人的な祈禱書で、たいてい金の彩飾が施されていた。ニューヨークのモルガン・ライブラリーのコレクションにある「黒の時禱書」は、かつて紫色のヴェラムに金泥書きというスタイルが流行したことを伝える一例で、黒に染められたヴェラムに金銀の文字が記されている。

石と骨

時代とともにキリスト教思想が発展するにつれ、物質的な事物は神性に近づくための手段としてどこまで役立つかということが、議論の重要なテーマとなった。中世の多くの神学者に影響を与えた新プラトン主義の考え方によれば、宇宙は神性を根源とする階層を構成しており、物質世界はその神性が遠く離れて発現した領域であるとされた。新プラトン主義の哲学者で神学者のプロクロスは、紀元五世紀に書いた論文のなかで、金をひとつの例として用いた。古典学者のピーター・ストラックはこれをつぎのように説明している。

ひと筋の光線が、究極的な高みにある「一者」から放出され、その根源のすぐ近くで発現すると、古代ギリシアの神アポロンとなる。この同じ光線がそのまま下へ向かい、ヌースの領域に入ると、それはプラトン哲学でいうイデアとしての太陽となる。（中略）つぎにその光線が物質領域の上層域に入ると、それは私たちが空に見る実際の物理的な太陽となる。しかし、光線がそこで止まらず、さらにその下の物質的現実の下層域に入ると、植物レベルではヘリオトロープとして発現し、鉱物レベルでは金として現れる。[15]

こうした考え方からすると、金は人の見方によって、鉱物（物質領域の最下層にあるもののひとつ）

として見えたり、あるいは神性がもっとも崇高な形で発現したものと固い鎖でつながっているように見えたり、あるいはその両方であったりする。たしかに、金は聖書のもっとも神聖な場面において際立つ存在だった。金で飾られた教会はソロモンの神殿を彷彿とさせ、信者に天のエルサレムのきらびやかで魅惑的な姿を想像させた。サン＝ドニの大修道院長だったシュジェールは、一二世紀にゴシック様式で建てられた最初の教会堂となったバシリカの建設を監督し、器類や十字架をはじめ、タペストリーや碑文、壁画や祭壇など、その聖堂の金の装飾の素晴らしさを繰り返し強調した。とりわけ、金は聖体や聖人たちの聖遺物を納める容器にふさわしい素材だった。金の輝きによって、聖人たちは「より荘厳で立派な存在として、訪れた者の目を引く」と彼

ニコラ・ド・ヴェルダン（一一五〇年〜一二〇五年頃）、
東方三博士の聖遺物箱、
一一八一年に制作開始。
金、エナメル、宝石、カメオ、古代宝石

は言っている。生きている者は、「太陽のように光り輝く尊い魂をもって全能の神に仕えた人々の聖なる亡骸を、純金など、できるかぎり貴重な物質で包み、ヒヤシンスやエメラルドといった多くの宝石で飾るように努めるべきだ」と述べている。[16]

シュジェールは、聖人たちの遺骸を納め、彼らにまばゆい光をまとわせる聖遺物入れの材料として、金を用いることが重要だとしている。ドイツのケルン大聖堂にある「東方三博士の聖遺物箱」は、ヨーロッパでもっとも大きなキリスト教の聖遺物入れであり、金でできている。長さ二メートルを超えるこの聖櫃は、東方三博士の遺骨を納めるため、金細工職人のニコラ・ド・ヴェルダンによって一二世紀に作られた。しかも、三博士は、それ自体が金でできている遺物の持ち主でもあった。東ローマ帝国の皇帝ゼノンの治世だった五世紀のソリドゥス金貨は、三博士が幼子イエスのもとへ持参した捧げ物のひとつだったとされ、ミラノで「三博士の金貨」として崇拝された。[17] しかし、ほとんどの聖遺物は遺骨などの残骸で、聖人たちの肉体的生命を示す物的証拠である。実際、それらはただ彼らを象徴しているだけではない。彼らはかつて聖人だった人物であり、今も信者の心のなかに生きている。

とはいえ、年月をへて黒ずんだ骨のかけらは、それが本物であろうとなかろうと、たいていあまり見栄えがしない。そこで、これらの遺骨がいかに重要で、聖人たちの魂がいかに清らかで輝かしいものであるかを示すため、金をはじめとする贅沢な材料を使って聖遺物入れが美しく飾られた。実際、こうしたやり方によって、聖遺物は信者たちにわかりやすい形で理解された。エヒタナハの大修道院長だったティオフリートは、聖遺物を金の容器に入れることで、信者にその物理的残骸に

聖エウスタキウスの頭の聖遺物入れ、一二一〇年頃、スイス、バーゼルより。
シルバーギルトに打ち出し細工が施された頭部が、
宝石のはめ込まれた金線細工の飾り輪とともに木製コアを覆っている。

聖パトリキウスの鐘の聖遺物入れ、
もとは聖パトリキウスの墓に置かれていた鐘を
納めるために作られた。
一〇九一年〜一一〇五年。
青銅に金、銀、宝石

対する「恐怖感」を抱かせずに済むとしている。[18] 聖人の遺体は、その実際の残骸がどう見えるとしても、信者の心には輝く亡骸として理解されなければならない。金のこうした特別な役割は絵画においても見られ、金の光輪が描かれたり、ときには金の王冠が浮かんでいたり、金のローブが輝いていたりする。

聖遺物入れのなかでも、肉体の一部である遺物をより完全な形でかたどったものは、「話す」聖遺物入れと呼ばれる。たとえば、遺物が頭蓋骨の一部であれば、それが貴金属で作られた実物大の頭の形をした容器に入れられる。大英博物館にある聖エウスタキウスの頭は、そうした聖遺物入れ

聖フォワの聖遺物入れ、紀元九世紀、
のちに追加されたゴシック様式の装飾とともに。
金箔を貼った銀、銅、エナメル、水晶および宝石、
カメオ、木製コア

のひとつである。つまり、質素な遺物が贅沢な容器に入っているというわけで、実際、金線細工（細い針金を模様の表面にはんだ付けする）を施した鐘の形の聖遺物入れには、聖パトリキウスの質素な鐘が入っている。美術史家のシンシア・ハーンは、聖エウスタキウスの頭についてこう書いている（そしてその説明はほかの多くにもあてはまる）――「まるで人間の姿をかたどった像がみずから光を発しているようで、呆然と圧倒されるような感覚を覚える」[19]。

金で作られたキリスト教の聖遺物入れのなかでも有名なのが、コンクのサント＝フォワ教会にある聖フォワのもので、九世紀に作られ、高さは九〇センチに満たない。王座に腰かける姿で、たくさんの宝石がはめ込まれたこの像は、頭部がほかの部分よりも古く、おそらくローマ帝国後期の皇帝の像を作り直したものと考えられる。顔は仮面のように無表情で、目は恐ろしいほどじっと見据えている。キャンドルの炎がゆらめく中世の教会では、その表面の光沢が動いているようで、像に命が宿ったかのように見えただろう。一一世紀、聖フォワの奇跡について記したアンジェ司教ベルナールは、当初、その像をユピテルやマルスといった神々の代わりに捧げ物を受け取る異教徒の偶像ではないかと疑った。しかし、最終的に、彼は「この聖なる像が人々の崇敬を集めているのは、それが捧げ物を求める偶像だからではなく、殉教者を称える像だからだ」と結論づけ[20]、この聖女が行なった数々の奇跡の逸話を集めるようになった。

ベルナールの心変わりをまったく不合理だと考えるのは間違いだろうか。聖フォワの像が捧げ物を「要求した」かどうかはさておき、その像がさまざまな奇跡に対するお礼として、人々から無数の奉納品を受け取ったことは確かだ。実際、偶像と同じように、その像は供物を怠った者たちを罰することさえあった。それに信者にとって、神もしくは半神と生命のない像との違いは、つねに明白だったとはかぎらない。こうした認識のずれが、一六世紀の宗教改革において激しい非難——ときには破壊という物理的行為——を招く結果となった。

当時のキリスト教世界では、信者が物体を崇拝しているのではないかという懸念と、カトリック教会が富と虚飾に溺れているのではないかという懸念の両方が生じていた。しかし、金でできた物体を崇拝することが金の経済的価値を重んじていることにならないかという懸念は、一六世紀に突然生まれたわけではない。中世の教会などでは、そうした懸念を前提として書かれた碑文がときどき見られる。ミラノのサンタンブロージョ教会

ビーマラーンの舎利容器、鉄礬《てつばん》ざくろ石がはめ込まれた金の円筒形遺物入れ。ビーマラーンの第二ストゥーパより、ガンダーラ（現在のアフガニスタン）、紀元一世紀

黄金仏。スコータイ王朝時代、
紀元一三世紀から一四世紀、
バンコク、タイ

にある金の祭壇の裏には、「この金をすべて合わせたよりも重要なのは、そのなかにある聖なる遺骨によって授けられる宝である」という戒めが刻まれている。[21] 同じように、『カロリング文書 *Opus Caroli*』の著者テオドゥルフが制作を依頼した聖書には、この本の表紙は「金や紫の宝石で」輝いているが、「内なる輝きは（中略）その偉大なる栄光のためにさらに強い」と書かれた献辞が添えられている。[22] デンマークのある祭壇の金の前飾りには、こう記されている――「この掛け布があなたがたの目に輝いて見えるのは、その黄金のきらめきのためではなく、それが聖なる歴史について伝えている知識のためである。実際、それはキリストの奇跡の物語を明らかにするもので、その栄光は黄金に勝る」。[23] つまり、金を貴重な物質として明確にすることで、その金をはるかに超越した聖なる栄光がいかに素晴らしいかを強調しているのである。

世界最古にしてもっとも立派な金の聖遺物入れのひとつが、ビーマラーンの舎利容器で、これはアフガニスタンで発見された初期の仏教の聖遺物入れである。この金の小箱には精巧な打ち出し細工によって像が描かれており、仏陀がインドの神の梵天と帝釈天に囲まれ、それぞれが尖頭アーチのついた壁龕《へきがん》に立っている。その技法はスキタイの金細工を思わせるが、様式はヘレニズム様式（紀元前五世紀の古典期につづいて発展したギリシア様式）である。この容器の年代については長く議論されてきたが、証拠からキリスト誕生の頃に作られたと考えられる。もしこれが事実なら、この容器は現存する最古の仏教芸術であり、キリスト教のどの視覚的形象にも先行している。これが重要なポイントなのは、仏教芸術がときに初期のキリスト教芸術を手本として作られたと考えられてきたからだ。

ビーマラーンの舎利容器のような小さな聖遺物入れのほかに、仏教寺院のストゥーパ（通常、寺の建造物群にある大きな塔で、小山や球根、鐘のような形をしており、多くは頂部に先の細い小尖塔がついている）もまた、聖遺物入れと考えることができる。というのも、それらの役割は仏陀や仏僧たちの遺物を納めることだからである。東アジアや東南アジアでは、金箔を施されたストゥーパをよく見かける。

古代の中国では、一般に金よりも青銅や翡翠が重んじられたが、仏教の伝来によって、新たに金が重要な意味をもつ物質として認識されるようになった。実際、中国で金細工産業が盛んになったのは、仏教の影響がもっとも強かった唐王朝（紀元六一八年～九〇七年）である。仏教伝来の経緯を明らかにしている伝説のひとつには、まさに金の重要性が凝縮されている。それによれば、後漢の明帝（紀元一世紀に統治）が夢で巨大な金色の神の姿を見たため、インドに使者を送って仏僧の派遣を求め、さっそく金箔を施した寺院の建設を始めたという。紀元六世紀に書かれた『洛陽伽藍記』［楊衒之著、入矢義高訳、平凡社、一九九〇年］（洛陽は古代中国の都のひとつ）には、何千という金のストゥーパについての記述がある。また、金の仏像をはじめ、金の鈴や金の鋪首《ほしゅ》（扉の引き手）、金の釘、金の壺、金の盤金といったさまざまな金の装飾が施された寺院についても記されている。この『洛陽伽藍記』によれば、こうしたまばゆいばかりの寺院の姿は、紀元五世紀にペルシアから中国へ到達し、禅宗の始祖となった菩提達磨に深い感銘を与えたという。[24]

モンティエン・ブンマー、
『溶ける虚空--心の型 *Melting Void: Molds for the Mind*』
（一九九八年）、石膏、金箔、薬草

内側も外側も

七世紀の仏僧、玄奘三蔵のように、中国からインドへ渡った者たちもまた、そこで目にした金の仏像に感銘を受けた。[25] 金に見える仏像のほとんどは、実際は金めっきを施されたほかの素材でできている。古代エジプトの神々が金の皮膚をまとったように、仏教徒が仏像に金箔をまとわせたのは当然だ。というのも、仏陀の身体的特徴を示した三二相によれば、仏の皮膚はなめらかな黄金色に輝き、仏はときに黄金色の光明を発する姿としても描かれる。タイのバンコクにある「黄金仏」は世界最大の純金像で、もとはスコータイ王朝時代(紀元一三世紀から一四世紀)に作られた。しかし、その歴史を振り返ると、像が金めっきを施されるどころか、泥棒よけとして漆喰で覆われた時期もあった。その後、像は塗料や色ガラスで飾られた。純金の本体がふたたび姿を現したのは一九五五年のことで、仏像を新しい場所へ移そうとした際、像を支えていた縄がはずれ、表面を覆っていた漆喰の一部が剝がれたことで、その下に隠れていた金があらわになった。

ほかの宗教と同じく、仏教も金とは曖昧な関係にある。仏陀は物質的な豊かさを放棄し、仏僧たちは禁欲的な生活を送ることになっている。しかし、仏教の言い伝えや慣習において、金は精神的な価値を象徴し、仏陀に敬意を表するものとされている。仏教のさまざまな説話でも、黄金に輝く極楽浄土の様子が語られてきた。阿弥陀仏の極楽は地面が金でできており、弥勒菩薩は砂金が敷き詰められた都で生まれた。その一方で、仏教は物質的な豊かさを放棄するように求めてもいる。聖典では僧に金の托鉢を使うなと言っているにもかかわらず、そうした鉢がしばしば王族から高僧への贈り物にされた。[26] この明らかな矛盾は、人々の批判を免れなかった。[27] 九世紀、中国では仏教に対する弾圧が繰り返され、その政策の一環として、唐の皇帝武宗は、仏教徒に金（をはじめとする貴重な素材）を仏像などの制作に用いることを禁じた。それは武宗が禁欲を理想としていたからではなく、寺院における富の蓄積が通貨の供給を妨げていると考えたからだ。粘土や木でも「敬意を表するには十分である」と彼は断言し、仏像から金箔をはがして差し出すように命令さえした。[28] 二〇一四年、インドのビハールにあるブッダガヤの大菩提寺のドームが、タイ国王の寄進によって金箔で覆われた。皮肉なことに、その寺院は仏陀が物的財産を放棄し、悟りを開いた場所として知られる重要な聖地である。

タイの現代芸術家モンティエン・ブンマーは、『溶ける虚空――心の型 *Melting Void: Molds for the Mind*』（一九九八年）と題したプロジェクトにおいて、仏像に金めっきを施すというアイデアを取り入れながら、見る者をより個人的な経験へと誘った。彼は像の鋳型――像そのものではなく、なかで像が形成されることになる空間――を作り、それを逃避と気づきの場として、見る者をその内部へ踏み入らせた。彼は外側ではなく、内側に金箔を貼った（薬草や辰砂とともに）。表からは見えないというこの状態は、*bpit tong lăng prá*（「仏像の裏に金箔を貼る」）の精神と同じ道理であり、社会の承認を求めないという謙遜の精神を示している。ある意味で、ブンマーは見る者を仏陀の心の内側に置き、崇高な金が暗闇で彼らを囲んでいながらも、けっして触れることはないという状況を作り出した。それは永遠性というよりも、はかなさや無常さを表現しているのかもしれない。[29]

第三章　貨幣としての金

現在のトルコ西部にあったリュディアの王クロイソスは、*as rich as Croesus*（クロイソスくらいの大金持ち）という表現があるように、今も大富豪の代名詞になっている。これはギリシアの歴史家ヘロドトスによるところが大きく、クロイソスの死から一〇〇年後に『歴史』を書いた彼は、お金で幸せは買えないというお決まりの教訓を証明するため、この王の富裕さを詳しく記した。ヘロドトスは、重さ一〇タラント（二二七キログラム以上）の純金をはじめ、リュディアがデルフォイの神託に捧げた途方もない奉納品を列挙する一方、クロイソスがアテナイの哲学者ソロンと会見した場面についても記している。この世で誰がもっとも幸福かと尋ねたクロイソスに対して、ソロンはアテナイの死んだ庶民の名を挙げ、巨万の富を誇る王を憤慨させた——王は自分の名が挙がると期待していた。ソロンは、人間は死ぬまで本当に幸福かどうかはわからないと答え、それは何か恐ろしいことがその人の身に降りかかるかもしれないからだと説明した。

そして実際、ヘロドトスが得意げに語ったように、クロイソスの身にまさに恐ろしいことが起こった。彼はまず狩猟中の事故で跡継ぎの息子を亡くし、つぎに自分の帝国をペルシアに滅ぼされ

ニコラ・プッサン、
『パクトーロス川で身を清めるミダス *Midas washing away his Curse in the River Pactolus*』、
一六二四年、カンヴァスに油彩

た。ちなみに、裕福な隣国をけなしたギリシアの歴史家は、ヘロドトスだけではなかった。紀元前七世紀、ギリシアの抒情詩人アルキロコスは、クロイソスの祖先のひとりであるギュゲス王について、「ギュゲスのこうした黄金の数々やその財宝に私は少しも関心がない。（中略）そんなものは私の目にはまったく魅力的ではない」と述べている。[1]

だが、これはただの負け惜しみだったのかもしれない。ギリシアの都市国家のほとんどは金が乏しかったのに対して、リュディアにはあのパクトーロス川が流れていた。これは触れるものすべてが金に変わるという呪いをかけられた伝説の王ミダスが、その呪いを洗い流し、身を清めたとされる川で、そこには土手に積み上げられるほどの大量の金が残されたた

ニコラウス・クニュプファー、
『クロイソス王のまえに立つソロン *Solon Before Croesus*』、
一六五〇年～五二年頃、パネルに油彩

という。リュディアはイオニア系の複数のギリシア都市国家から貢ぎ物を受け、当時、ほかの都市国家を征服したばかりでもあった。しかし、紀元前五四六年にクロイソスがペルシアのキュロス王に滅ぼされたことで、ペルシア帝国がギリシアの玄関口まで勢力を拡大した。つまり、クロイソスの伝説的な富はリュディアを敗北から守れなかったばかりか、ギリシアをその共通の敵から守ることもできなかった。一方、本章のテーマに関して言えば、クロイソスは最初に金貨と銀貨の複本位制を生み出した人物であり、これはヘロドトスでさえ賞賛するような功績である。

ただし、これらは最初の硬貨ではなかった。リュディアの先の王たちは、エレクトラム（琥珀金）と呼ばれる金と銀の自然合金から硬貨を鋳造し、これに一定の割合まで銀をくわえて、エレクトロン貨として発行していた。また、中国の周王朝は、紀元前九〇〇年頃からコヤスガイの貝殻を模した青銅貝貨を製造していた（これらが「硬貨」として見なされていたかどうかは議論の余地がある）。それにこうした硬貨は、金が商業において利用された最初の例というわけではなく、そうした習慣は少なくともさらに二〇〇〇年前までさかのぼる。

しかし、ハーヴァード大学とコーネル大学が後援するサルディス調査隊――かつてリュディアの首都があった古代遺跡で行なわれている発掘調査――の証拠によれば、クロイソスは一定の重量や価値をもつ金貨と銀貨を発行した史上初の王だった可能性が高い。その証拠は宝物庫や貨幣鋳造所の遺跡からではなく、金属細工職人の複数の作業場から出土し、彼らはそこで金の粒子や粉を処理し、石英や銀、銅を含む自然金から金を分離させる作業を行なっていた。クロイソスの時代の金細工職人は、純金や純銀の硬貨を製造することができた最初の職人だが、それは彼らが金属の分離に最初に成功したことを意味する。[2]

だが、覚えておかなければならないのは、金貨が貨幣という概念の始まりでも終わりでもないということだ。事実、金貨は人間の文明や通商の歴史における一時的なピークにすぎない。初歩の経済学では、貨幣――その形状がどうであれ――は交換の媒体であり、価格や負債を示す基本単位としての役割を果たした。金貨の鋳造が行なわれる以前には、ほかの交換媒体があり、互いにその価値を認識できるものが使われた。たとえば、牛や穀物は、主要な食糧源としての価値を備えていたため、初期の文明では広く使われていた。しかし、貨幣の基本として用いられるものに物的価値が備わっている必要はない。

歴史上、もっとも広く使われた貨幣はコヤスガイの貝貨で、これは牛と異なり、明確な実用性はない（そしてもちろん、現代の硬貨はその原料となっている金属よりもずっと高い価値をもつ）。最終的に、ある物質が価値を測る手段となり得たが、それが実際の交換に用いられることはなかった。紀元前二千年紀半ばのエジプトでは、一方が牛を売りたいと望み、もう一方が穀物を売りたいと望む場合、彼らはそれぞれの商品が銀や銅においてどれくらいの価値があるかを考えた。それは公平な取引を確かなものにするためで、実際に銀や銅がやり取りされることはなかった。

古代ギリシアの長編叙事詩『イリアス』では、ギリシアの戦士ディオメデスとリュキアの戦士グラウコスが戦場で遭遇するが、彼らの祖父が親友同士だったことから、ふたりは殺し合う代わりに鎧を交換する。ところが、ゼウスは「こっそりグラウコスの分別を失わせ、雄牛一〇〇頭の価値がある金の鎧を、九頭の価値しかないディオメデスの青銅の鎧と交換させた」[3]（ただ、グラウコスはその取引でおそらく得をした。というのも、金の鎧は着て戦うには重すぎるからだ)。こうした習慣は、硬貨が登場した途端に消えたというわけでもなかった。紀元一二世紀初めのウェールズの物語『キルッフとオルウェン』では、身なりのよい若者について、「靴と拍車にちりばめた黄金は、爪先から膝までのあいだで、三百頭分の牛の値打ち」といった表現がなされており、価値の貯蔵・交換が同じような方法で示されている[4]〔訳注：『マビノギオン』(シャーロット・ゲスト著、井辻朱美訳、原書房)より訳文引用〕。

では、硬貨はどのような経済革新を意味したのだろうか。コヤスガイの貝貨と同じく、硬貨は牛よりも手軽に持ち運びできる。また、金貨のような硬貨が商取引で使いやすいのは、その標準化された形状や重量が規定の数値を示すからである。硬貨が登場する以前にも、金は通商に用いられていたが、受け取った方はその金にどれほどの価値があるかを知るために、重さを量る必要があっただろうし、金の含有量を調べる方法も知る必要があっただろう。決まった形状と印を作ることによって(クロイソスの金貨の場合、「8」の字型で表面がでこぼこしており、ライオンの頭が刻印されていた)、硬貨を発行する政府は、このサイズ、形、印の金属片は特定の値打ちをもつと明言していることになる。とはいえ、そこには信頼の要素が関係している。つまり、その硬貨を受け入れるということは、それを発行した政府の約束を信じるということなのである。

古代の金貨

したがって、硬貨の発行は国家建設と密接に結びついている。これを示す好例が、リュディアにくわえて、古代の地中海地域にもうひとつある。紀元前三二三年のアレクサンダー大王の死によって生じた混乱のなか、配下のひとりだった武将のプトレマイオスは、エジプト支配を軍事面だけでなく、行政面でも強化しようと決めた。そのカギとなったのが、エジプトに硬貨制度を導入するという秘策で、エジプトはその歴史が黄金の数々や黄金の伝説で満ちていたにもかかわらず、独自の貨幣はもったことがなかった。ひとつの貨幣を作ることによって、プトレマイオスはナイル川流域の新たな政治的統一を果たし、その象徴として首都アレクサンドリアに宮廷を置いた。プトレマイオスは先のアレクサンダー大王の顔をその硬貨に描き、エジプトの支配権をより明確なものにした。これは革命的な一歩であり、それまでも一部の硬貨に個人の顔が描かれることはあったが、そうした硬貨は通常の流通を目的としたものではなかった。プトレマイオスの硬貨は、日常の経済取引が、かの大王と

クロイソスの金貨、
リュディア、紀元前六世紀

象徴的に結びついた政府の庇護のもとで行なわれることを意味した。そして紀元前三〇六年、プトレマイオスはみずからを王として宣言したとき、初めて生きている支配者の像を描いた硬貨を発行した――そう、彼自身である。[5]

ただし、硬貨は使われて初めて貨幣としての働きをする。そこでプトレマイオスは自分の硬貨が確実に流通するように、エジプトでの外貨の利用を禁じた。法律により、エジプトに持ち込まれた外国の硬貨はすべてプトレマイオスの硬貨と交換され、新しい硬貨を作るために溶解された。これ以前には、そして世界のほかの地域では、硬貨は商取引をつうじて行きついた場所ならどこででも使えるというのが慣例だった。つまり、硬貨はそれにどんな印がついているかではなく、それにどれだけの金属が含まれているかによって評価された。プトレマイオスの法令は、財政においてだけでなく、先に述べたような国家建設においても大きな役割を果たした。プトレマイオスの硬貨は、外国の硬貨よりも金の含有量が少なかったため、エジプトはより純度の高い外国硬貨がエジプトの硬貨とやり取りされるたび、わずかな利益を得た。

結果として、こうした状況はグレシャムの法則として知られる現象を招いた――「悪貨は良貨を駆逐する」。つまり、卑金属をくわえることで実質価値が損なわれた貨幣ばかりが流通し、より純度の高い貨幣は手元に置いておかれるということだ。この法則は一六世紀のイングランドの財政家トーマス・グレシャムにちなんだものだが、ギリシアの劇作家アリストファネスにちなんでもよかったかもしれない。彼の『蛙』が書かれたのは、プトレマイオスの時代のわずか一〇〇年前のことだった。

私はしばしば考えた、われらが市は
立派な紳士の市民らを
古鋳貨幣と新しい金貨と同じに扱うと。
これは少しも混じり物ない
お金のなかで一等の、正真正銘、
ギリシアにあっても外国でも、
あらゆるところで造られた、たった一つの立派な貨幣、
これをばわれらは使わずに、銅の悪貨を使っている、
ついこのあいだ造られた、お金のなかでの最悪品

〔訳注：『ギリシア喜劇II　アリストパネス（下）』（アリストパネス著、呉茂一・村川堅太郎・高津春繁訳、筑摩書房）より訳文引用〕

地中海地域でつぎなる大国になろうとしていたローマは、その文化のほとんどがギリシアに由来していたが、硬貨が鋳造されたのは意外に遅く、紀元前三〇〇年頃だった。ローマ共和国では、通常は青銅や銀の硬貨が用いられ、紀元前三世紀末の第二次ポエニ戦争時のような有事の際にのみ金貨が発行された。帝国となったローマが金貨の鋳造を始めたのは、ユリウス・カエサルの治世になってからだった。カエサルはこれを積極的に推進し、紀元二世紀半ばにはローマの硬貨の六割以上が

プトレマイオス一世の肖像が描かれた金貨、
エジプト王国、
紀元前二七七年〜二七六年

金だった。

どんな黄金時代にも終わりが来るものだが、紀元三世紀までにローマの貨幣制度は崩壊し、その理由については今も議論が続いている。銀鉱や金鉱の全体的な不足、インフレ措置、そして硬貨の質の低下などが要因となり、皇帝クラウディウス・ゴティクス（在位紀元二六八年～二七〇年）の時代には、もはや硬貨にほとんど貴金属は含まれていなかった。しかし、三一二年にコンスタンティヌス一世が皇帝になると、彼は質の低下したアウレウス金貨をソリドゥス金貨と入れ替えた。これにより、東ローマ帝国やヨーロッパの貨幣の標準は一〇〇〇年にわたって維持された。その名残は現在の私たちの生活にも見られ、とくにフランス語の *solde* ――給料や負債、セールなどのさまざまな意味がある――や英語の *soldier*（兵士）は、その語源をさかのぼると、傭兵への報酬の支払いに使われたこのソリドゥス金貨（*solidus*）に行きつく。[7]

コンスタンティヌス一世の頭部が描かれた金貨、
裏側には絡み合うふたつの花輪に星がひとつ、
紀元三二六年

中国における金と中国貨幣

世界のほかの地域に目を向けると、中国は非常に裕福な帝国でありながら、金をその経済システムの中心としなかった例として興味深い。中国が大量の金を保有していたことは明らかで、紀元前一世紀に書かれた司馬遷の『史記』によれば、紀元前一二三年までに、漢の武帝は四万二五〇〇キログラム以上もの金を勝利した兵士たちに分配し、事実上、宮廷の国庫を空にしたという[8]。歴史家の班固《はんこ》は『漢書』のなかで、帝位を簒奪《さんだつ》した皇帝王莽《おうもう》の国庫には、約一四万一七五〇キログラムの金が入っていたと伝えている（ちなみに、スペイン人は一五〇三年から一六六〇年までに南北アメリカ大陸から約一七〇トンの金を輸入した）[9]。

王莽がここでとくに興味深いのは、彼が何百年にもわたる中国の貨幣の伝統を破り、金貨を発行した（少なくとも発行しようとした）からである。中国の歴史が始まった当初、個々の国家は独自の貨幣を製造しており、それは青銅製の貝貨から、斧のような形をした刀貨までさまざまだった。金貨のようなもの――貝貨の伝統を受け継いだ金の蟻鼻銭《ぎびせん》や、鋳造された都市の名が刻印された金鈑――を製造していたのは、楚の国だけだった。紀元前二二一年に中国統一を果たした秦の始皇帝は、地域ごとに異なるこうした貨幣をすべて廃止し、「銅貨」を流通させた。これは中央に四角い穴のある円形の青銅硬貨で、環銭《かんせん》と呼ばれ、その名は鋳造貨幣を意味するタミル語の *kāsu* に由来すると思われる。

王莽は前漢最後の皇帝のもとで財務大臣を務め、在任中、彼はプトレマイオスがはるか遠くのエジプトで行なっていたのと同じことをやった。つまり、中国にあるすべての金を宮廷に差し出させ、青銅硬貨に交換させた。いったん権力を掌握すると、彼は国庫を乗っ取り、それらの青銅硬貨を廃貨にしたため、その価値は従来の金の約一パーセントとなった。さらに、王莽は金の象嵌が施された錯刀《さくとう》など、およそ三〇ものさまざまな単位の硬貨を発行し、広大な帝国全土でそれらを「銅貨」の代わりに使わせようとした。しかし、これは悲惨な結果に終わった。さまざまな単位や形状の貨幣がつぎつぎに登場したことで社会が混乱し、不慣れから硬貨の偽造が横行した。王莽はかたくなに自分の計画に固執し、新しい制度に反対する者は「四方の辺境へ追放」して鬼と戦わせると宣言したが、財政制度が崩壊するおそれが出てくると、ついにその計画を撤回した。[10]

王莽が金貨政策に失敗したことは、中国が金に大きな価値を置かなかったという意味ではない。裕福な地主や貴族たちは金を所有し、それを高額取引に用いた。実際、王莽の皇后の持参金には、一万二一〇〇キログラムの金が含まれていたという。[11]七世紀の唐の学者、顔師古《がんしこ》によれば、「金はかつて斤や両といった質量単位による重さから計算され、幸運をもたらす銘刻がなされた現在の金のインゴットのように、公的な規則によって一定の形状に作られていた」[12]。金はたしかに富の尺度として機能したが、それは重さを量られ、その価値を刻印された金のインゴットという形においてであって、買い物に使える硬貨としてではなかった。たとえば、紀元前八七年頃の劉寛《りゅうかん》（前漢の済北国最後の王）の王墓には、二〇もの大きな金餅《きんぺい》が入っており、それぞれに一般労働者が五年半かけて稼ぐのと同じくらいの価値があった。[13]

中国は外国との通商においても金を用いた。漢の時代の初め、中国は通訳者の宦官を船で東南アジア諸国の港へ送り、金や銀と引き換えに、「つややかな真珠や不透明ガラス、貴重な石や珍品」を手に入れた。[14] 事実、隣国との通商によってあまりに多くの金が流出したため、紀元七一三年、中国は金と鉄の外国輸出を禁じた。それから数世紀にわたって、金の所有と使用に関する規制が増えていった。一三四〇年までに、中国の市場では金貨が通用しないと憤慨するイスラムの評論家も出てきた中国では長く紙幣の使用が求められていたため、商品を買う見込みのある客たちは金を紙幣に替えなければならなかった。しかし、こうした規制により、帝国からの金の流出が止まったばかりか、国庫への金の流入が確実なものになった。[15]

金本位制

一九世紀までは、金よりも銀が世界通貨にもっとも近いものだった。しかし、通貨としての銀ではなく、金属としての銀は本当の意味で価値の基準だった。ある国の銀貨がべつの国でも使えたのは、それに銀が含まれていたからであり、銀貨は世界中で流通していた。たとえば、一八世紀の東アジアで通商に用いられたもっとも一般的な貨幣は、中国の銅貨ではなく、メキシコのペソ銀貨だった。

ただし、これは金本位制以前に重要な金貨がなかったということではない。中世ヨーロッパでは、各都市国家が先に述べた国家建設の一環として、独自の硬貨を鋳造するようになった。一二五二年、フィレンツェはフロリン金貨の鋳造を始め、それはすぐにヨーロッパの標準的な金貨となった。そのすぐあとの一二六六年には、最初のフランスの金貨であるエキュ金貨が登場し、一二八四年にはヴェネツィアがフロリン金貨を手本としてダカット金貨を発行した。スペインのドル銀貨（シルバー・ダラー）――スペインのレアル硬貨の八倍の価値があったことから、「八レアル硬貨」や「ピース・オヴ・エイト」と呼ばれ、海賊の物語によく出てくる――は、世界規模で拡大するスペインの帝国においてもっとも一般的な通貨だったが、スペインは約三〇〇年にわたってエスクード金貨（ドル金貨の二倍の価値）も発行し、二エスクードに相当するピストール金貨は世界の通商で広く使われた。

一九世紀になると、世界のほとんどの国々が金本位制――一定重量の金を単位として国内貨幣の価値を決めるという公約――を採用した。つまり、国家命令により、一フランは何グラムの金に相当、一ドルは何グラムの金に相当といったように決められたわけだ。金本位制を選んだ理由は、国によってさまざまだった。イギリスがそうしたのは、一八世紀初めにすでに事実上の金本位制になっていたからであり、当時、アイザック・ニュートンは王立造幣局の長官として、銀を流通させない政策を打ち出した。日本は、一八九四年から九五年にかけての日清戦争で中国に勝って大国となり、さらなる商業的・軍事的発展を金に期待した。つまり、金本位制への転換によって円安が進み、輸出が促進され、産業への外国投資が増大することを期待したのである。そしてその転換によって、日本はロシアとの紛争に備えて（一〇年もせずに勃発）、国際金融市場から軍資金を調達することが容易になった。日露戦争が差し迫ったことで、ロシアもまた金本位制を採用することになったが、それは両国がともに韓国や満州を植民地化しようとし、どちらも金本位制は軍事的・産業的発展のための資金調達を容易にすると考えたためだ。[16]

理論上、金本位制では世界的にあらゆる均衡が保たれるはずだった。金は輸出よりも輸入が多い国から流出し、その国の物価の下落を引き起こす。それによって製造業者や商人たちは国内の商品を海外へ売りやすくなり、結果として、より多くの金が流入するというわけだ。経済歴史学者のスティーヴン・ブライアンによれば、「イギリスの理論では、金がその国を自由に出入りするのを、中央銀行や国家基金が何もせずに見ているという社会が想定された。つまり、インフレになっても、デフレになっても、中央銀行の資金が潤沢であっても、あるいは金融恐慌で枯渇しても、何も手を出さないというわけだ」[17]。

しかし、ほとんどの場合がそうであるように、理論と現実はかなり違った。こうした世界経済の微妙なバランスは、その影響をまともに受ける一般市民には通じないことが多かった。ある国で小麦の不作が財政破綻や不況を引き起こしても、べつの国では小麦が豊作で、その財政がおおいに潤ったとすれば、それは経済学者の目には世界の均衡と映るかもしれない。だが、痛手を受けた小麦農家はそれで安心というわけにはいかなかった。中央銀行は、あらゆるものをいつの間にか修復してしまう「自然の力」によって、金本位制を機能させることになっていた。だが、もちろん、銀行は状況に応じて市場に干渉する――小麦の不作といった出来事の衝撃を和らげるために金利を調整したり、あるいは一八七三年の世界的金融危機の際にイングランド銀行がやったように、金利をぐっと引き上げ、海外の借り手に金をもっていかれないように防いだりした。

金本位制への転換は、けっしてスムーズに受け入れられたわけではなかった。アメリカは事実上、

上◉前漢の摂政だった王莽の
金錯刀（一刀平五千）、
紀元七世紀頃

中◉フロリン金貨、一二五二年～一三〇三年

下◉八エスクード金貨、
パンプローナ貨幣鋳造所、一六五二年

貨幣鋳造法によって銀が廃貨となった一八七三年に転換したが、激しい議論を巻き起こした。人民党の有識者たちはこれを「七三年の犯罪」と呼んで非難し、金銀複本位制の復活こそが貨幣供給を増加させ、繁栄をもたらすと主張した。とくに一八九三年恐慌によってアメリカ経済が深刻な不況に陥ったあとでは、なおさらだった。民主党の大統領公認候補に三回指名されたウィリアム・ジェニングズ・ブライアンは、その一回目の一八九六年にこの問題を取り上げ、民主党全国党大会の演説で「人類を金の十字架にかけてはならない」と訴えた。彼はその選挙でウィリアム・マッキンリーに敗れ、マッキンリーは一九〇〇年に金本位法に署名し、事実上の経済状況を正式なものにした。

金本位制は、誰もが同じルールでプレーすることに同意しているかぎり、大部分においてうまく機能した。しかし、第一次世界大戦によってすべてが一変した。一九一四年夏にオーストリア＝ハンガリー帝国のフェルディナント大公が暗殺されると、ヨーロッパ各国に一連の信用不安が広がった。当時の世界金融の中心だったイギリスは、その安定した経済と金準備が金本位制のバックボーンとされていたが、国が大災害に巻き込まれるという不安から株式の暴落を招いた。当局は被害を免れるため、限られた金準備の一部を債権者への支払いにあてたり、金に交換できない紙幣を発行したりするなど、大きな損失をともないながらも一連の措置によって迅速に対応した。その結果、通貨の流通を維持するために発行された安い紙幣が国民に受け入れられ、より多くの金が国庫の軍資金となり、外国からの主要な軍事物資の購入も容易になった。この非常事態によって、イギリスは非公式ながらも効果的に、七〇〇年にわたる金種の内部流通と短命の金本位制を終わらせた。

イギリスのほかにも、交戦中の国々の多くが金本位制を放棄し、戦費調達のために貨幣の発行を

左◉ルイス・ダルリンプル、「適者生存」、
『パック』誌、一九〇〇年三月一四日、
「銀本位制」を倒して勝ち誇る「金本位制」の剣闘士

VOL. XLVII. No. 1201.

PUCK BUILDING, New York, March 14th, 1900.

PRICE TEN CENTS.

"What fools these Mortals be!"

Puck

Entered at N. Y. P. O. as Second-class Mail Matter.

THE SURVIVAL OF THE FITTEST.

増大させた。たとえ金本位制を保持したいと思っても、機雷やドイツの潜水艦といった現実の脅威のせいで金を海外へ安全に運べなくなったため、金本位制は機能しなかった。その結果、インフレが広がり、政府が崩壊し、債務が重なった。一九一八年に戦争が終わると、金本位制に戻ろうとする動きが生じたが、これは失敗に終わった。経済歴史学者のグリン・デーヴィスは、猛烈なデフレをつうじて金本位制を復活させようというイギリスの計画は、「国の経済を時代遅れの金の十字架にかけようとしている」ようだったと、ブライアンのあの有名な演説にちなんで述べている。[18] 物価が下落し、イギリスの失業率は一九二一年末までに一八パーセントに達した。しかし、イギリスはなおも金本位制への復帰を急いだ。一九二五年、経済学者のジョン・メイナード・ケインズはこれに対して予言的な警告をした――「イギリス国民は金のくびきにその首を差し出そうとしているが、それはおそらく、遠からずしてそのくびきを永遠に捨て去るための前段階であろう[19]」。

結局、世界は大恐慌を受けてそのくびきを投げ捨てた。経済学者のなかには、金本位制は政府がより多くの紙幣を発行し、経済を活性化させようとするのを妨げ、事態を悪化させると考える者もいた。一方、アメリカが金本位制を放棄した経緯は、貨幣が行政において重要な役割を果たすこと、そしてその逆も同じであることを私たちに思い出させてくれる。一九三三年四月、フランクリン・デラーノ・ルーズヴェルト大統領は、かつてのプトレマイオス一世や王莽皇帝にならって、大統領令六一〇二号を発令した。これはジュエリーや歴史的コインのコレクションといった少量のものをのぞいて、一般市民に金の保有を禁じた命令である。市民は金を連邦準備銀行に差し出し、一オンス（二八・四グラム）につき二〇ドル六七セントで交換しなければならなかった。翌年、連邦

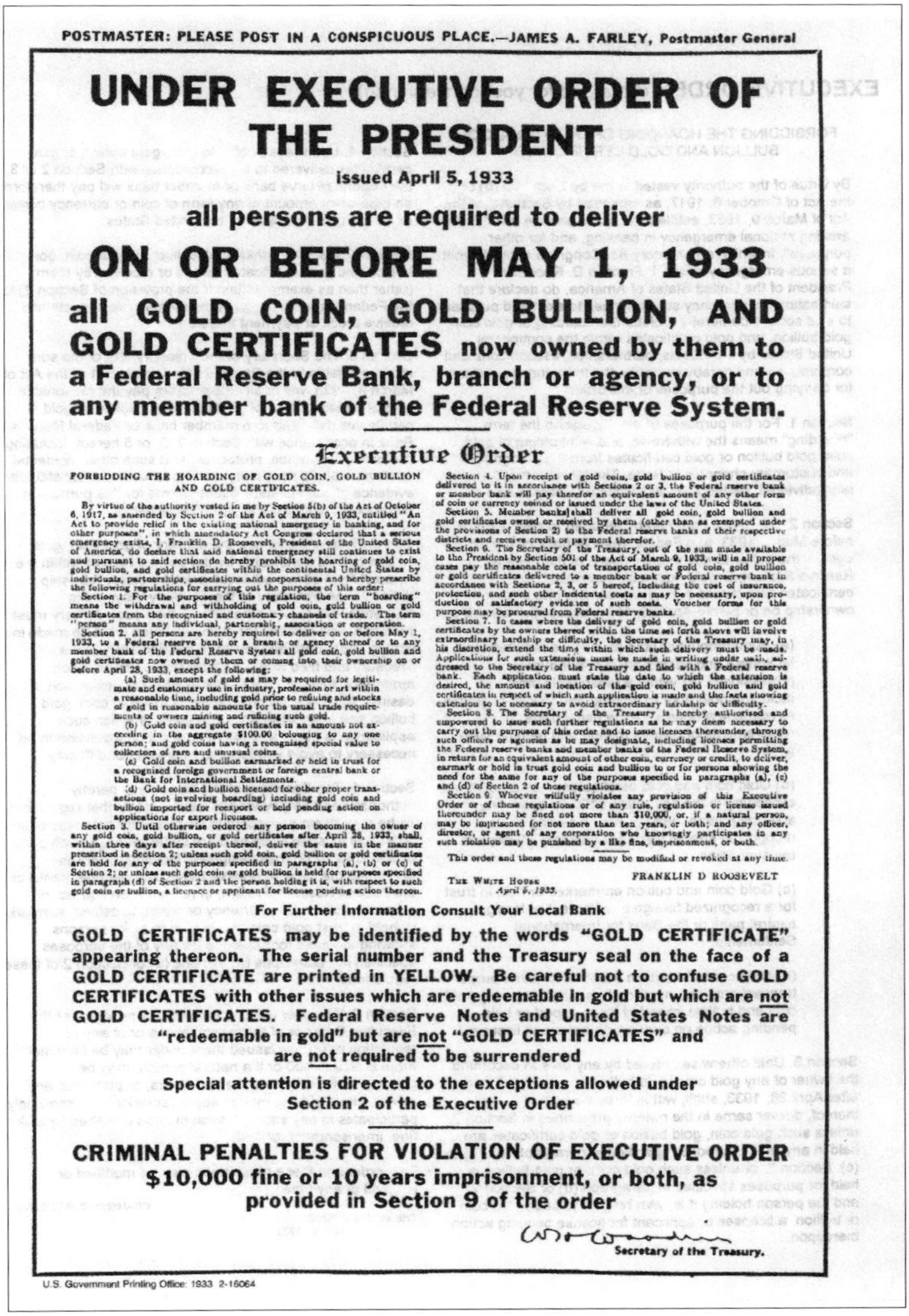

POSTMASTER: PLEASE POST IN A CONSPICUOUS PLACE.—JAMES A. FARLEY, Postmaster General

UNDER EXECUTIVE ORDER OF THE PRESIDENT

issued April 5, 1933

all persons are required to deliver

ON OR BEFORE MAY 1, 1933

all GOLD COIN, GOLD BULLION, AND GOLD CERTIFICATES now owned by them to a Federal Reserve Bank, branch or agency, or to any member bank of the Federal Reserve System.

Executive Order

FORBIDDING THE HOARDING OF GOLD COIN, GOLD BULLION AND GOLD CERTIFICATES.

By virtue of the authority vested in me by Section 5(b) of the Act of October 6, 1917, as amended by Section 2 of the Act of March 9, 1933, entitled "An Act to provide relief in the existing national emergency in banking, and for other purposes", in which amendatory Act Congress declared that a serious emergency exists, I, Franklin D. Roosevelt, President of the United States of America, do declare that said national emergency still continues to exist and pursuant to said section do hereby prohibit the hoarding of gold coin, gold bullion, and gold certificates within the continental United States by individuals, partnerships, associations and corporations and hereby prescribe the following regulations for carrying out the purposes of this order:

Section 1. For the purposes of this regulation, the term "hoarding" means the withdrawal and withholding of gold coin, gold bullion or gold certificates from the recognized and customary channels of trade. The term "person" means any individual, partnership, association or corporation.

Section 2. All persons are hereby required to deliver on or before May 1, 1933, to a Federal reserve bank or a branch or agency thereof or to any member bank of the Federal Reserve System all gold coin, gold bullion and gold certificates now owned by them or coming into their ownership on or before April 28, 1933, except the following:

(a) Such amount of gold as may be required for legitimate and customary use in industry, profession or art within a reasonable time, including gold prior to refining and stocks of gold in reasonable amounts for the usual trade requirements of owners mining and refining such gold.

(b) Gold coin and gold certificates in an amount not exceeding in the aggregate $100.00 belonging to any one person; and gold coins having a recognised special value to collectors of rare and unusual coins.

(c) Gold coin and bullion earmarked or held in trust for a recognised foreign government or foreign central bank or the Bank for International Settlements.

(d) Gold coin and bullion licensed for other proper transactions (not involving hoarding) including gold coin and bullion imported for reexport or held pending action on applications for export licenses.

Section 3. Until otherwise ordered any person becoming the owner of any gold coin, gold bullion, or gold certificates after April 28, 1933, shall, within three days after receipt thereof, deliver the same in the manner prescribed in Section 2; unless such gold coin, gold bullion or gold certificates are held for any of the purposes specified in paragraphs (a), (b) or (c) of Section 2; or unless such gold coin or gold bullion is held for purposes specified in paragraph (d) of Section 2 and the person holding it is, with respect to such gold coin or bullion, a licensee or applicant for license pending action thereon.

Section 4. Upon receipt of gold coin, gold bullion or gold certificates delivered to it in accordance with Sections 2 or 3, the Federal reserve bank or member bank will pay therefor an equivalent amount of any other form of coin or currency coined or issued under the laws of the United States.

Section 5. Member banks shall deliver all gold coin, gold bullion and gold certificates owned or received by them (other than as exempted under the provisions of Section 2) to the Federal reserve banks of their respective districts and receive credit or payment therefor.

Section 6. The Secretary of the Treasury, out of the sum made available to the President by Section 501 of the Act of March 9, 1933, will in all proper cases pay the reasonable costs of transportation of gold coin, gold bullion or gold certificates delivered to a member bank or Federal reserve bank in accordance with Sections 2, 3, or 5 hereof, including the cost of insurance, protection, and such other incidental costs as may be necessary, upon production of satisfactory evidence of such costs. Voucher forms for this purpose may be procured from Federal reserve banks.

Section 7. In cases where the delivery of gold coin, gold bullion or gold certificates by the owners thereof within the time set forth above will involve extraordinary hardship or difficulty, the Secretary of the Treasury may, in his discretion, extend the time within which such delivery must be made. Applications for such extensions must be made in writing under oath, addressed to the Secretary of the Treasury and filed with a Federal reserve bank. Each application must state the date to which the extension is desired, the amount and location of the gold coin, gold bullion and gold certificates in respect of which such application is made and the facts showing extension to be necessary to avoid extraordinary hardship or difficulty.

Section 8. The Secretary of the Treasury is hereby authorised and empowered to issue such further regulations as he may deem necessary to carry out the purposes of this order and to issue licenses thereunder, through such officers or agencies as he may designate, including licenses permitting the Federal reserve banks and member banks of the Federal Reserve System, in return for an equivalent amount of other coin, currency or credit, to deliver, earmark or hold in trust gold coin and bullion to or for persons showing the need for the same for any of the purposes specified in paragraphs (a), (c) and (d) of Section 2 of these regulations.

Section 9. Whoever willfully violates any provision of this Executive Order or of these regulations or of any rule, regulation or license issued thereunder may be fined not more than $10,000, or, if a natural person, may be imprisoned for not more than ten years, or both; and any officer, director, or agent of any corporation who knowingly participates in any such violation may be punished by a like fine, imprisonment, or both.

This order and these regulations may be modified or revoked at any time.

FRANKLIN D ROOSEVELT

THE WHITE HOUSE
April 5, 1933.

For Further Information Consult Your Local Bank

GOLD CERTIFICATES may be identified by the words "GOLD CERTIFICATE" appearing thereon. The serial number and the Treasury seal on the face of a GOLD CERTIFICATE are printed in YELLOW. Be careful not to confuse GOLD CERTIFICATES with other issues which are redeemable in gold but which are not GOLD CERTIFICATES. Federal Reserve Notes and United States Notes are "redeemable in gold" but are not "GOLD CERTIFICATES" and are not required to be surrendered

Special attention is directed to the exceptions allowed under Section 2 of the Executive Order

CRIMINAL PENALTIES FOR VIOLATION OF EXECUTIVE ORDER
$10,000 fine or 10 years imprisonment, or both, as provided in Section 9 of the order

W. H. Woodin
Secretary of the Treasury.

U.S. Government Printing Office: 1933 2-16064

フランクリン・デラーノ・ルーズヴェルト、
大統領令六一〇二号、
一九三三年

議会は金の価格を一オンス三五ドルに設定した金準備法を可決し、結果として政府に二八億ドルの棚ぼた式利益をもたらした。[20] ルーズヴェルトの命令は多方面に衝撃を与え、それは一九三三年にダブル・イーグルと呼ばれる二〇ドル金貨を約五〇万枚製造した米国造幣局も同じだった。これらの硬貨は一度も流通せず、後世のためにスミソニアン博物館へ寄贈された二枚をのぞいて、すべてが一九三七年に溶解された（とされていた）。

第二次世界大戦後、大戦中の混乱に戻ることを何としても避けたいと考えた世界の指導者たちは、ブレトン・ウッズ体制を確立した。これにより、金本位制の一種で、正確には金為替本位制と呼ばれる体制が生まれた。国際通貨基金の加盟国は、米国ドルを基準にして、それぞれの通貨の価値を一定に維持することとし、アメリカは自国のドルの価値を金一オンスにつき三五ドルに設定することとした。こうして、米国ドルだけが金と直接結びつくことになった。しかし、世界貿易の増加やアメリカ経済の拡大は、よく知られた状況につながった――一九五九年までに、ドルの流通量はその裏づけとなっていた金の保有量を超え、一九七一年には状況があまりに切迫したため、リチャード・ニクソン大統領はブレトン・ウッズの金為替本位制を一方的に停止させた。[21]

シカゴ大学のイニシアティヴ・オン・グローバルマーケッツ（ＩＧＭ）による二〇一二年の調査によれば、金本位制への復帰を勧める経済学者はひとりもいなかったが、その議論は勢いを増しており、今後も続くと思われる。元連邦下院議員で、二〇一二年に共和党の大統領候補指名選挙に出馬したロン・ポールは、アメリカの極右過激派を代表する人物だが、彼は金本位制の復活を模索するように共和党を説得した。

金本位制をめぐる議論については、一九六四年、高校の歴史教師だったヘンリー・リトルフィールドが、学術誌にある論文を寄せている。それによると、著名な児童文学作家L・フランク・ボームによる『オズの魔法使い』には、金本位制の比喩が組み込まれており、主人公の少女ドロシーがエメラルドの都へとたどる「黄色いレンガの道」は、金本位制を表しているという。これはなかなか興味深い解釈だが、当時のこうした問題に対するボームの立場を誤解してのことで、事実とは異なる可能性が高い。とはいえ、それは今も人々の想像力を刺激し、経済学の授業において思考の訓練に役立てられている。二〇一五年現在、『オズの魔法使い』の本は、シティバンクが出資した大英博物館のマネー・ギャラリーに収蔵されている。[22]

そしてあのダブル・イーグル金貨についても、結局、すべてが溶解されたわけではなかったようだ。ルーズヴェルトによる大統領令の余波は、波乱の展開と国際的陰謀をともなう事件を生み、それはベストセラーのスリラー小説にも負けないほど奇怪なものだった。まずジョージ・マッキャンという穏やかな物腰の造幣局出納係が、その問題の硬貨を少なくとも二〇枚盗んだ。彼はそれをより古い年代のダブル・イーグル金貨とすり替えたため、帳簿上の数字に矛盾はなかった。この窃盗事件が明らかになったのは、そのうちの一枚がオークションのリストに載った一九四四年のことだった。政府は事件の捜査官として、アル・カポネを刑務所行きにした捜査を率い、リンドバーグ幼児誘拐事件を解決したフランク・ウィルソンを起用した。それから八年にわたるウィルソンの捜査によって、盗まれたダブル・イーグルが新たに八枚見つかり、財務省検察局はそれらすべてを盗品として差し押さえた――ただし、一枚をのぞいて。

その一枚は、なぜかエジプトのファルーク国王のコレクションに収まっていたが、王はその金貨の返還を求める再三の要請を断った。一九五二年に王が退位すると、金貨は一時売りに出されたが、検察局がそれを押収しようとしていることが明らかになると、またしてもどこかへ消えた。数十年後、金貨はスティーヴン・フェントンというイギリスのコイン商とともにふたたび姿を現し、彼はそれを売るためにアメリカへ持ち込んだが、買い手は検察局の覆面捜査官だった。フェントンはその金貨を取り戻すために訴えを起こし、数年にわたって法廷で争ったのち、彼とアメリカ政府はそれを競売にかけ、収益を山分けすることで合意した。金貨は二〇〇二年に七五〇万ドル以上の値で落札された――ちなみにジョージ・マッキャンに盗まれた分として、米国造幣局には二〇ドルが弁償された。[23]

話はこれで終わったように思われたが、二〇〇一年、イスラエル・スウィットという人物の遺族が、忘れられた貸金庫で一九三三年鋳造のダブル・イーグルを新たに一〇枚発見した。スウィットはマッキャンが一九三〇年代に盗んだ硬貨を売ったか、あるいは譲ったかした相手のようで、遺族は見つかった金貨が本物かどうかを確かめるため、それをフィラデルフィア造幣局へ送った。政府はそれを盗品として差し押さえ、スウィットの遺族は訴えを起こしたが、連邦裁で敗訴した。この原稿を書いている時点では、一九三三年鋳造のダブル・イーグルがほかにも出てきたという事実はない。だが、先のことは誰にもわからない。[24]

第四章　芸術の媒体としての金

数千年も昔から、専門の職人たちは金を使ってあらゆる品々を作ってきた。それらの目的は装飾、信仰、権力の象徴、貨幣などさまざまだったが、なかでも装飾のための金は作品を引き立たせ、その輝きをさらに高めてくれる。金は宝石などの台座にも使われる。近世ヨーロッパでは、ジュエリー職人が異国風のアイテム――遺物やココナッツ、ダチョウの卵など――を金にはめ込み、外国の品を集める収集家がそれを自分のアクセサリーとして使えるようにした。日本には「金継ぎ」と呼ばれる芸術があり、陶器のひび割れなどを直すために金が接着剤として使われ、継ぎ目に美しい風合いを添える。また、王や神々を称える目的でも、金は多くの文化において建物の内外を飾ってきた。すでに古代メソポタミアでは、金細工職人が土台の表面に溝を彫り、金箔を入れ込むという一種の金めっき術が行なわれていた。紀元前四世紀頃の中国では、ごく薄い金箔を青銅などの他の金属と化学的に結合させる「アマルガムめっき」の技術が知られていた。ローマ帝国では、これと同じ技法を使って彫像に金めっきが施されていた。ロンドン大火記念塔は、この伝統を用いた近世前期の例で、その頂部には金めっきの青銅の壺形装飾がなされている。

金は数世紀にわたって、布や皮革、ガラス、そして本のページなどにも使われてきた。すでに見てきたように、写字生や彩飾家たちは豪華な写本に字を書いたり、絵を描いたりするためのインクとして金を使った。中国では古くから金を散らした紙が作られていた。[1] 一方、織物職人たちは金糸を使って金織物を作ったり、玉衣《ぎょくい》と呼ばれる皇帝の翡翠の死装束を縫ったりしたほか、金糸で財布やローブに刺繍を施したり、金糸をタペストリーに織り込んだりした。教会やモスクでは、金で接着されたガラスのテッセラでできたモザイクが内装を飾った。また、ガラス容器などにも金めっきが施され、古くから作られてきたゴールド・サンドウィッチ・ガラスでは、金箔が二層のガラスのあいだに挟み込まれている。ヴェネツィアのガラス職人は、溶かしたガラスに金箔をかぶせたり、金粒を振りかけて吹いたり、あるいはいったん冷ましてから金粒を振りかけたりして、器に金めっ

「金継ぎ」の手法を使って修復された茶碗。漆に金粉を混ぜたもので破片を固定する。

きを施した。イスラムの世界では、皮なめし職人が古くから皮革への金箔押しを行なってきた。その技法はペルシアや北アフリカの画家によって一五世紀にイタリアへ紹介され、とくに本の装丁などにおいてヨーロッパで広まった。こうした技法が施された品々は、いずれもそれに敬意や（経済的）価値が付随していることを表した。というのも、金は非常に希少で高価だったため、多くの場合、金が施してある品物以上に貴重だった――これは金の使われ方を説明する助けになるだろう。もちろん、ほとんどの人々は少量の金を手にする余裕はあっても、丸ごと金でできた品物を買う余裕はなかった。しかし、完全に金でできたもの、あるいはほぼ完全に金でできたものも、やはり数千年前から作られていた。

金の芸術性は、文化によって、そして時代によって、さまざまな意味をもっていた。ヨーロッパ諸国が南北アメリカ大陸で征服を繰り返していた時代、現地人がスペイン人にとっては価値のないガラス玉などと引き換えに、金を渡したという話がたくさんあった。ヨーロッパ人のなかには、これを現地人の愚直さの証――彼らは金の値打ちを正しく理解していなかったようだ――と考え、その愚直さを根拠に、彼らを人間としてまともに扱おうとしない者もいた。一方、堕落と欲望に満ちたヨーロッパ人の支配をまえにして、この素朴で純粋な現地の姿を「黄金時代」として理想化する者もいた。しかし、パナマのある出来事についての逸話によれば、真相は少し違っていたようだ。スペイン人が土着の職人たちの手による作品をつぎつぎと溶かすのを見て、首長コモグレの息子はこう叫んだという。

キリスト教徒よ、これは一体どういうことか。たったそれだけの金がなぜそんなに重要なのか。それでいて、お前たちはこの美しいネックレスを壊し、溶かしてインゴットにしようとする。（中略）私たちは粘土の塊に価値を置かないように、自然のままの金にも価値を置かない。それは職人の手によって形を変え、私たちの美的感覚を楽しませ、必要を満たす花瓶になって初めて価値をもつ。[2]

コモグレの息子の話——もしそれが強欲な同胞を非難しようとするヨーロッパ人の心の投影でないとすれば——は、南北アメリカ大陸のある先住民族が金の価値をどう位置づけていたかを示している。彼らは金という素材に象徴的な価値を伝える力が備わっていることを重視していたが、それは芸術家の高度な技によって形を与えられて初めて生きてくるものだった。こうした考え方は、金を芸術作品の材料としてとらえるヨーロッパ人の考え方とは対立する。ヨーロッパでは、よほど精緻な作品をのぞいて、金の金銭的価値はすべてに勝り、多くはそうした優れた芸術にさえ勝った。制作にかけた労力や技術も顧みられず、芸術作品として一時的に経済の循環から抜け出たものの、最終的にはその材料が溶解されることになるなら、芸術作品ははかなく、むしろ無駄な代物でさえあった。それはときに作品を高く売ろうとする職人の策略のように思われ、法律の規制によって、金の市場価値がその硬貨としての価値を上回るような状況ではとくにそうだった。

金の金銭的価値と宗教的・政治的象徴としての金とは、すでに複雑な関係にあるが、金の芸術作品はその関係をさらに複雑にする。コモグレの息子にとって、金はほかの土の産物がそうであるよ

上◉クリストファー・レン卿、
ロンドン大火記念塔（細部）、
一六七七年

下◉底部にふたりの聖人が
描かれたガラスのカップ、
ゴールド・サンドウィッチ・ガラス
の手法で作られている。
ローマ、紀元四世紀

うに、職人が加工するまでは何の価値のないものだったようだ。一方、ヨーロッパでは金の経済的価値は絶大で、それにくらべれば、どんなに精緻な職人技でもその価値は取るに足らないものだった。もちろん、つねにそうだったというわけではなく、職人が神技としか思えないような逸品を作り出せば、それで金の価値が高まることもあった。イタリア・ルネサンス期の建築家で作家のフィラレーテは、ピエロ・デ・メディチによる古代の金メダルのコレクションについて、金より貴重なものは何もないにもかかわらず、古代の職人たちは「その技によって金以上に価値のある」金を作ったと感心した。その精緻な細工は「人間によってなされたというより、天によってもたらされたよ

金粒によるめっきが施された
エメラルドのガラスのゴブレット。
婚約者の肖像が描かれている。
一五世紀後半、ヴェネツィア

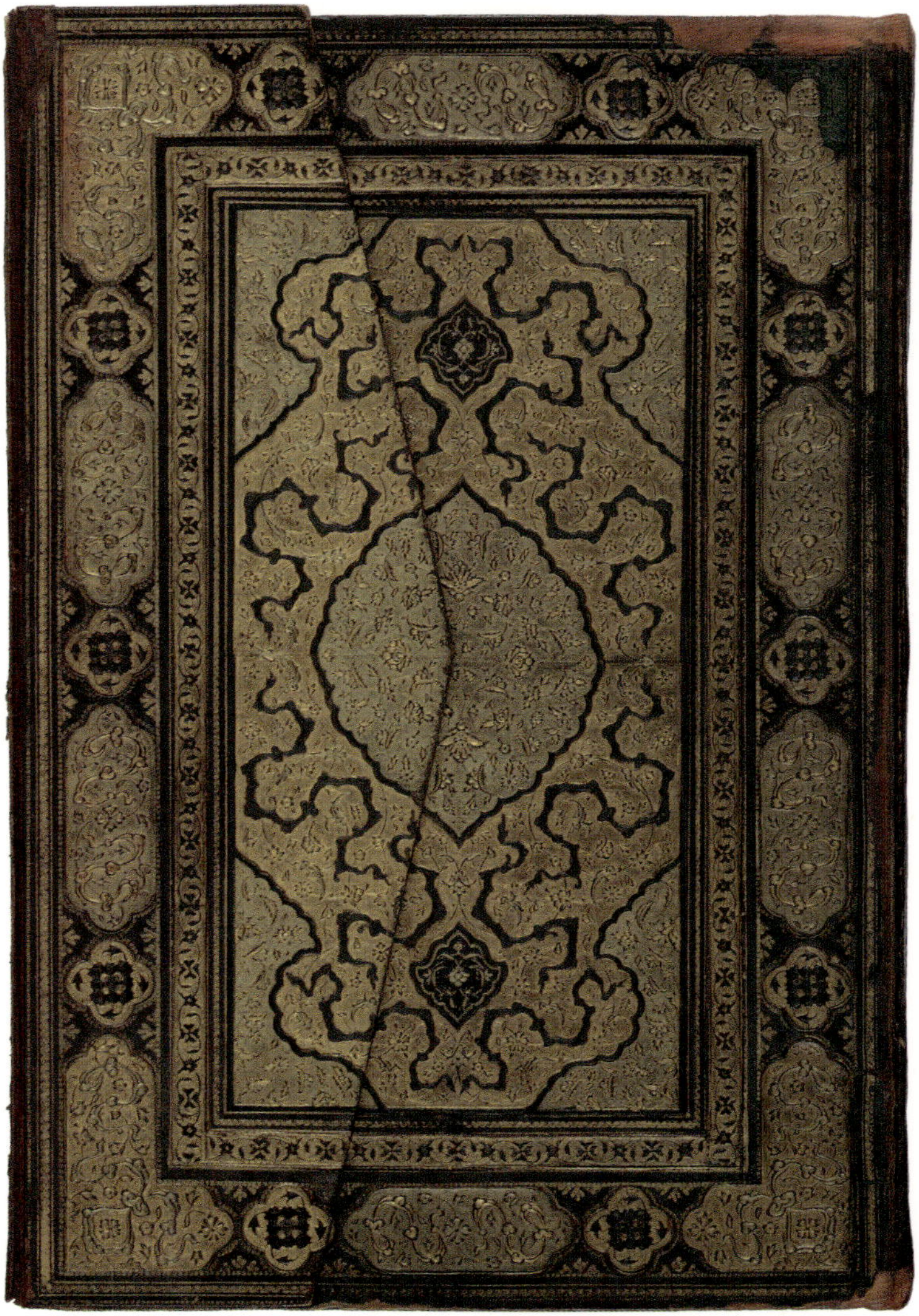

金の型押しがなされた『鳥の言葉』の写本の装丁、
ファリードゥッディーン・アッタールによりサファヴィー朝イランで制作、
一六〇〇年頃

うだ」った。[3] ヨーロッパの芸術家たちにできたのは、職人技によって金の価値を生み出すことではなく、せいぜいそれを高めることだった。

初期の南北アメリカ大陸における金

『ベリー公のいとも豪華なる時禱書』として知られる中世後期の彩飾写本では、そうした書物の慣例として、光輪や欄外飾り、背景、ハイライトに金箔が用いられている。しかし、金は金を描くためにも使われた。有名な一月のページに描かれた金の器や装飾には、洗練されたフランスの公爵邸の豊かさが表れており、そこにはカトラリーや調味料を入れる舟形容器「ネフ」も含まれている。これは王侯貴族の華やかさを表現したもので、そのきらめきは、アルブレヒト・デューラーのような画家――一五世紀後半に金細工職人としての訓練を受けた――にはなじみ深いものだったかもしれない。しかし、このドイツ人画家は、メキシコからスペインへ運ばれ、ブリュッセルのハプスブルグ家の邸宅で披露された金細工品の数々に、文字どおり、言葉を失った。

「また私は王のため新しい黄金の国（メキシコ）から送られてきた品物を見た。即ち優に直径一クラフター（約六フィート）はある純金の太陽、並びに同大の純銀の月、同じく二部屋に満ちる甲冑、飛び道具、驚くべき楯などの武具と、また珍しい衣服や多岐の用途のあらゆる驚異の品々がそれで、「世に言う」珍宝（*Wunderding*）よりもはるかに見応えがする。これらの品物はすべて高価で十万グルデンと値踏みされている。私は生涯の中でこれらの品々ほど私の心を悦ばせたものを見

ランブール兄弟（活動期 紀元一三九九年～一四一六年）、
『一月――ベリー公の祝宴』、
『ベリー公のいとも豪華なる時祷書』の彩飾写本より、一四一六年、ヴェラムに顔料と金たことがない。何故なら私はそこに驚くべき巧みな品々を認め、異域の人々の精妙な天稟（*subtile ingenia*）に驚嘆したからである。そこで［眼］前にしたものを私は語り尽くすことができない」[4]［訳注：『ネーデルラント旅日記』（デューラー著、前川誠郎訳、岩波書店）より訳文引用］。

スペインの征服によって破壊された職人文化は、精緻な芸術品を数多く生み出し、その優れた技術と美的感覚は、おもに墓から発掘された新たな細工品を見ても明らかである。南アメリカで金細工が始まったのは、メソポタミアより何千年もあとのことだったが、ヨーロッパ人がやって来る頃には、職人の伝統はすでに数千年の歴史をもっていた。早くも紀元前一五〇〇年には、現在のペルー中南部にいた人々が金をごく薄い箔に打ち延ばしていた。遺跡からは、この時代の金箔のかけらとともに、金細工専用の工具一式が発見されている。[5] 南アメリカでは、ヨーロッパにおけるよりも貴金属が大きな役割を果たしており、そうした金属細工品では武器や道具用に鉄や青銅がよく使われた。ただし、アンデス山脈では、起伏の激しい山岳地帯であることから運搬に車輪は使えず、武器においても布が多用された（投石器やキルトの鎧）。そこでは貨幣としても金属は使われなかったため、その重要性は実用的というより象徴的なものだった。[6]

アンデス最古の文化として知られるチャヴィン文化は、遺跡から多くの金細工品が見つかっている。チャヴィンという名前はアンデス高地北部のある場所に由来し、その巡礼地としての重要性は紀元前一五〇〇年頃までさかのぼる。一方、遺物の様式から分類すると、それには紀元前九〇〇年から二〇〇年頃に発展した一連の形状や技法が見られる。二大墓地遺跡のチョンゴヤペとクントゥル・ワシからは、精緻な金の遺物の数々が発見されており、胸当てやペンダント、首当て、耳輪、鼻輪、頭飾り、衣服に縫いつけるブローチといった装身具をはじめ、金の鼻毛抜きや嗅ぎタバコ用のスプーンといった個人的な手回り品も含まれている。チャヴィンの金属細工職人は高度な技術をもっており、合金や研磨、焼きなまし、溶接（ふたつの金属の接合部を融点まで熱して結合させる）、はんだ付け（溶かした金属を「接着剤」としてくわえ、ふたつの金属を結合させる）といった技法を駆使していた。たとえば、チャヴィンの腕当てには、織物にヒントを得たと思われる打ち出し細工が施されている。中央のモチーフはチャヴィンの「上斜位」様式を示すもので、これを一八〇度回転させると、そのシンボリックな顔の模様が異なる生き物に変化する。[7]

一方、スペインに征服されるまえのアメリカでもっとも見事な冶金術のひとつが、紀元前六〇〇年から紀元四〇〇年頃にかけて発展したエクアドルのラ・トリータ文化のプラチナ細工

有史以前のチャヴィン文化による
金の腕当て、ペルー、
紀元前七世紀〜五世紀

である。近代以前の人々はプラチナを溶かすだけの高温――一七六八度――の火は生み出せなかったが、一〇六四度という金の融点には到達できた。ラ・トリータの金属細工職人は、当時のヨーロッパではまだ知られていなかった粉末冶金――金属の粉末を圧縮して成型し、高温で「焼結」する技法――を使って、金とプラチナを結合させた。見た目はプラチナのようだが溶かすことのできる金属を作るため、彼らはそれぞれの金属を細粒にし、金の粒子がプラチナの粒子を「取り込む」まで打ち延ばしと加熱を交互に繰り返した。そして最終的に、金のような性質をもつ均質の合金を作り出した。[8] ラ・トリータの職人たちは、金をプラチナ様の合金と巧みに組み合わせ、視覚のコントラストを生む作品を作り出した。この技法はスペイン征服後にいったん忘れられたが、一九世紀になって復活した。その技術は現代の粉末冶金の基礎を形成し、エレクトロニクスをはじめとする多くの産業で利用されている。

ペルーのチャヴィン文化につづいて、アンデスでは紀元一世紀頃から八世紀までモチェ文明が栄えた。モチェの冶金では銅や銀、そして金が用いられた。一九八〇年代に発掘が始まったシパン遺跡にあるモチェの王墓では、地位や性別によって異なる遺体の配置から、それぞれの金属の象徴的な位置づけが明らかになっている。材料科学者で考古学者のヘザー・レクトマンは、金属の分析を文化的解釈と結びつけ、金は男性らしさと体の右側、銀は女性らしさと体の左側に関係があるとしている。たとえば、ピーナッツ――主要作物――をかたどった金属でできたモチェのネックレスでは、金のピーナッツが体の右側、銀のピーナッツが体の左側にくるように身につけられた。金属の象徴的序列において第三位にある銅は、一般に女性や子供、高位の従者によって身につけられた。[9] スペイン征服後に収集されたある神話によれば、太陽は人間を生み出すために地球へ三つの卵――ひとつは金、ひとつは銀、ひとつは銅――を送り込んだとされ、金は高貴な男性、銀はその妻、銅は庶民を表した。[10]

この三つの金属はともに合金にされることが多かった。ピーナッツ型ネックレスの「金」と「銀」は、じつはどちらも三つの金属からなる三元合金をもとに作られている（トゥンバガと呼ばれる合金）。こうした合金は、それぞれの金属単体の場合よりも溶融点が低いため、より加工がしやすい。表面に金の光沢をもつ衣装を作るのに、アンデスの金細工職人たちは「減めっき」と呼ばれる技法を用いた――金以外の金属を表面から化学的に除去し（おそらく、銅を除去するには植物の汁や古い尿から作られた酸が使われ、銀を除去するには塩か硫化鉄が使われた）、あばた状になった金の表面を磨いて滑らかにした。もしこれが貴重な金を節約し、それでいて表面は金のように見せるという目的のためだとすれば、彼らは金以外の金属で品物を作り、それに溶かした金で薄くコーティングすることもできたはずだ。そうしなかったということは、

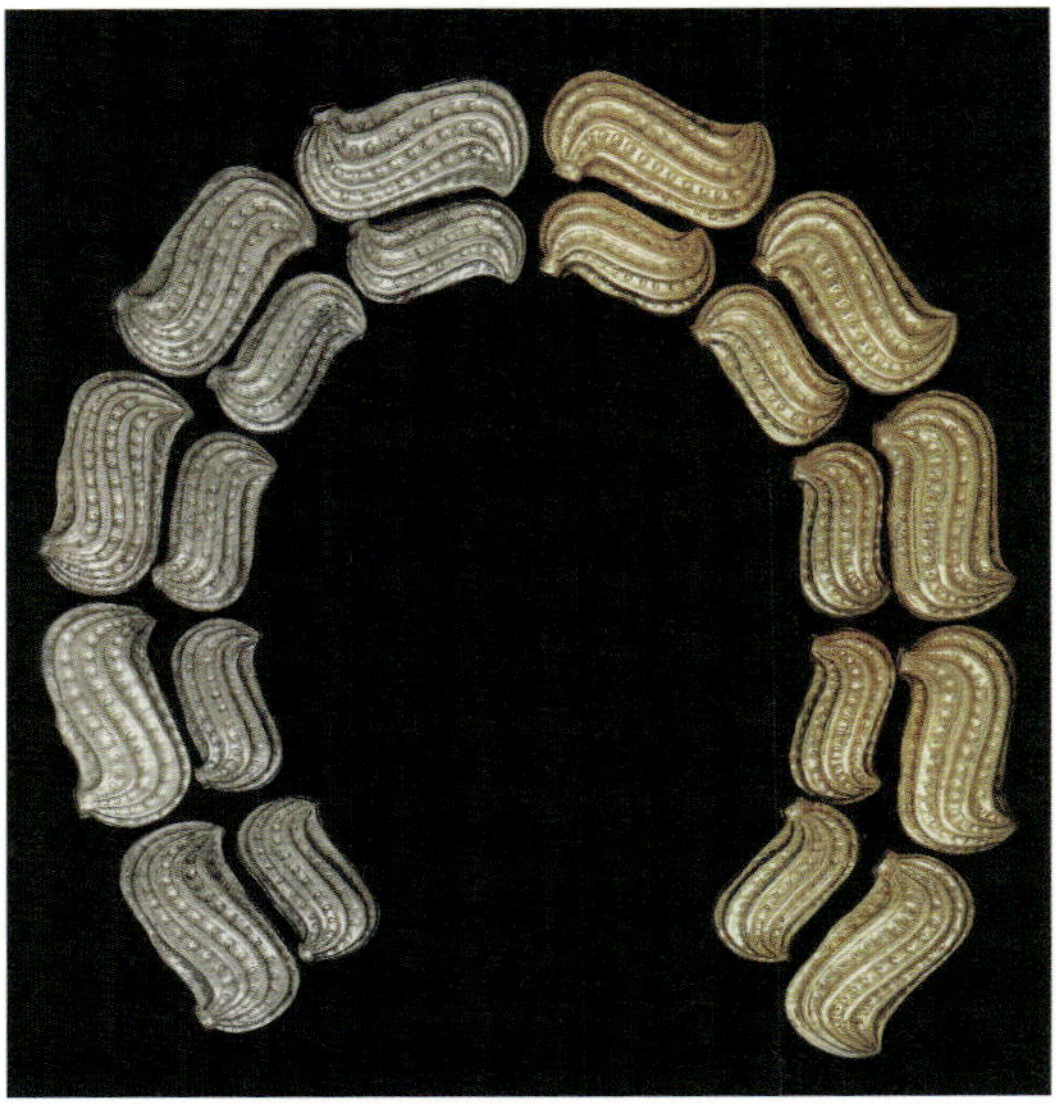

モチェの
ピーナッツ型ネックレス、
一号墓、シパン、ペルー、
紀元三〇〇年頃、金・銀・銅

この工程には、金がその品物に欠かせないという特別な価値観が反映されていたのかもしれない。つまり、職人の手で中身を覆い隠すのではなく、むしろそれを変容させて美点を引き出すのである。レクトマンの言葉を借りれば、「『技術がもたらす本質』という概念――目で見てわかる部分にその内部構造が現れるという概念――は、おそらくすべての物質に神の生気が宿っているというアンデスの基本的概念と結びついている」[11]

インカ時代末期までに、帝国では征服した全領土から集められた大勢の職人たちによって、数多くの金細工品が作られていた――発掘されたゴミ捨て場の遺跡からは、捨てられた金属製品がいくつも見つかった。[12] そもそもインカ人は高度な通商網と政治機構をもっていた。彼らはヨーロッパ人にそれと認識できるような文字言語はもたなかったが（アステカ族のナワトル語と違って）、記録保持のためにキープと呼ばれる結縄《けつじょう》文字を使っており、その結び目には数の情報のほか、言葉が記号化されていたと思われる。インカでは、アンデスの先人たちが考え出した金・銀・銅の三金属の組み合わせが継承されたようだ。スペイン征服を生き延びたアンデスの金はその痕跡しか残っていないが、当時の記述から、インカ帝国の神殿の壁が金銀で覆われ、等身大の金の像などが置かれていたことがわかっている。[13] 一七世紀に『ペルー年代記』を書いたペドロ・デ・シエサ・デ・レオンは、クスコの太陽神殿コリカンチャについてこう記している。

そこには庭もあり、その土は純金のかけらでできていた。畑には人為的に金のトウモロコシが植えられ、葉や穂軸はもちろん、茎まで金だった。（中略）これらにくわえて、そこには二〇匹を超える金の羊［おそらくラマ］がその子羊とともにおり、羊飼いは投石器や杖をもって羊を見張っていたが、そのすべてが同じく金でできていた。[14]

フェリペ・ワマン・ポマ・デ・アヤラは、スペイン征服後の最初の世代に生まれたインディオで、ケチュア語とスペイン語に精通していた。彼が書いたインカ帝国の年代記『新しい記録と良き統治』では、クスコの地図のなかでもとくにコリカンチャ（ケチュア語で「黄金に囲われた場所」）が詳しく描写されている。美術史家のアダム・ヘリングによれば、

フェリペ・ワマン・ポマ・デ・アヤラの『新しい記録と良き統治』（一六一五年）のなかのクスコの地図

インカ人は、金のつややかな光沢が発する輝きと、槍のようにとがった道具のきらめきを、太陽光という究極の最上語につらなる換喩的同義語として理解していた。アンデス全土において、輝きやきらめき、華やかさ、きらびやかさ、閃光、白熱光、極彩色といった鮮やかで人目を引くような視覚効果は、すべて聖なる現象と考えられた。[15]

ペルー人は溶かした金属を鋳造する方法を知っていたが、彼らはそれよりも金属片を打ち延ばし、それをはんだ付けによって組み立てるほうを好んだ。一方、コロンビアの金細工職人たちは鋳造を重視した。コロンビア中部の部族連合であるムイスカ族は、トゥンホ（*tunjos*）と呼ばれる神々への奉納品として、さまざまな大きさの金細工品を数多く作り出した。ムイスカの「黄金の筏」はそのひとつで、エル・ドラド伝説を生んだ儀式を表現している。そこでは祭司が特別な目的のために作られた品々の詳細を伝え、それを粘土の供物入れに置いた。これらの金細工品はたいてい金と銅の各種合金でできており、一見すると、装飾用の細い針金をはんだ付けすることによる金線細工が施されたように見える（聖パトリキウスの鐘の聖遺物入れにある装飾パネルと似ている。94ページを参照）。しかし、ムイスカの金細工はそれとは異なり、「蠟型法」による一体化した鋳造だったため、ときに「偽金線細工」と呼ばれる。蠟型法では、まず職人が蠟で最終的に望む形に型を作り、それに粘土の鋳型を着せた。つぎに鋳型を熱し、なかの蠟が溶け、鋳型につけた湯口と呼ばれる流路から流れ出るようにした。そして鋳型の空洞に溶かした金属を流し込み、鋳造した。ムイスカの金細工の場合、金線のような部分（もとは蠟で作られている）が線状の模様や飾りとなっている。ただし、興味深いことに、職人たちはそうした金細工品の仕上げにはあまり関心がなかったようだ。彼らは蠟型作りには細心の注意を払ったに違いないが、できあがった作品は研磨もされておらず、明らかな失敗も、鋳造過程でつけた湯口も残されたままだった。[16] 一方、コロンビアの金細工品には吊り下げ金具がついたものも多く、それらは動かすとチャリンと鳴ったり、きらりと光ったりして、まるで生きているような感覚を与えたに違いない。

その後、金細工はメキシコや中米のほかの地域へも伝わった。メキシコ西部へは、おそらく紀元七世紀、海上航路によってエクアドルの金属細工職人から伝えられたと思われる。[17] それから数世紀のうちに、タラスコ族、マヤ族、ミステク族、そしてアステカ族のすべてが何らかの形で金細工を行なった。メキシコ南部から中米にかけて栄えたマヤ文明の金細工で、現存する

ムイスカ文化、「黄金の筏」、
紀元六〇〇年～一六〇〇年に制作

もっとも美しい作品のひとつが、チチェン・イッツァ遺跡（紀元八〇〇年〜一一〇〇年頃）の「聖なる泉」で発見された打ち出し模様の金の円盤である。また、像の一部と思われる顔の装飾品で、目や口に幾何学的な穴があり、羽根の生えた蛇や渦巻き模様の飾りがついた作品も美しい。マヤ族の近隣のメキシコ南部にいたミステク族は、スペインに征服されるまえのアメリカで蠟型鋳造法を最大限に発展させた。アステカ帝国（ミステク族の領土の一部を支配下に置いていた）でスペイン人が発見した金のほとんどは、じつはミステク族の職人によるもので、そこに使われた偽金線細工はコロンビアのムイスカの金細工を思い起こさせる。第一章で紹介した胸当ては、アステカ帝国時代に作られたミステクの逸品である。

ミステクとアステカの金細工は、ヨーロッパ人にインカの金細工と同様の大きな印象を与えた。メキシコの金細工に対するアルブレヒト・デューラーの驚嘆ぶりはすでに紹介したが、フランシスコ会の宣教師で、同じくメキシコの金細工品を目にしたフレイ・トリビオ・デ・モトリニーアはこう書いている。

「彼らはスペインの金細工職人よりも優れていた。なぜなら動かせる頭や舌、足、手をもつ鳥を鋳造できたからであり、その手にはおもちゃが添えられていて、いっしょに踊っているように見えた。そのうえ、彼らは半分が銀でできた作品や、ひとつは銀の鱗、ひとつは金の鱗がついた魚も鋳造しており、これにはスペインの金細工職人もおおいに驚くに違いない」[18]

エルナン・コルテス自身もこれには同感だったようで、カルロス一世（カール五世）に宛てた手紙のなかで、アステカの「金銀細工は非常に精巧で、世界のどんな金属細工職人にも負けません」

と書いている。[19] しかし、モトリニーア、コルテス、そしてデューラーが目にした金細工や銀細工のほとんどは失われてしまい、文字どおり、金銭に換えられた。こうした中南米の品々のうち、接触があった初期の時代にヨーロッパへ持ち込まれたごく一部は、今も収蔵品としてヨーロッパに残されているが、金はこのなかでもとくに希少だった。[20]

そもそも金のもつ物理的性質のせいで、金細工品はつぎつぎとその形を変えられた。つまり、金で作られたものは、それを溶かして鋳直すことによって、物的価値をまったく損なうことなく、何度でも作り変えることができるからだ。金製品をこうした目で見ていたのはヨーロッパ人だけではなかった。ガーナ王国では、国王令によって、金の装飾品を持つ者は毎年、年に一度のヤム祭のまえにそれを溶かし、作り変えなければならなかった。これは、トラブルにつながりかねない過去の象徴的意味を消し去るという政治的目的によるものだった。また、それによって王は改鋳税を徴収することもできた。ヨーロッパでも、君主たちは精巧な金細工品をつねに財政危機（多くは戦争が要因）の解消にあてた。金細工の達人と言われたケルンのグスミンによる作品でさえ、ひとつも残っていない。彫刻家のロレンツォ・ギベルティが書いた『覚え書』によれば、自分の作品が溶解されるのを見たグスミンは、絶望のあまり、仕事をやめて隠遁したという。[21]たとえ神聖な目的で作られたものでも、金製品は溶解を免れなかった。ドイツのマインツにあった「ベンナの十字架」は、二七二キロもの金を使って九八三年頃に鋳造された十字架像だったが、ふたりの司教の出費をまかなうためにまず足が失われ、つぎに腕が失われ、ついには一一六一年にすべてが溶解された。[22] 一六七三年には、「ロレートの聖母像」をまつるバシリカで、金の奉納物（聖母マリアによってなされた数々の奇跡に感謝して教会へ献上された品）のほとんどが溶かされた。こうした「無益な記念物や必要以上の信仰の証」は、「より有益な目的」のために転用されたのである。[23]

もし近世のヨーロッパ人が、自分の所有する金細工品を溶かして貨幣に変えることに抵抗がなかったとしたら、南北アメリカで見つけた品々を溶かすことには何のためらいもなかっただろう。彼らは信仰の対象を破壊することにも関心があり、見つけた物品の多くを異教徒の偶像と見なした。そしておそらく、彼らはさまざまな様式の芸術が、現地の主権と象徴的に結びついていることをよく理解していた。そのため、文化を破壊することによって、征服者たちはよりスムーズに支配権を行使することができた。こうした破壊は何世紀にもわたって継続し、つい一九世紀半ばまで、イングランド銀行は英貨で何千ポンドにも値するコロンブス以前の金細工品を毎年、溶解していた。[24] こうした破壊行為が作品の様式に対する根強い偏見によるものなのか、それともただ金の金銭的価値を求めてのものなのか。それは容易に答えられない問題だ。

ヨーロッパにおける技術と価値

デューラーは、メキシコの金細工品を熟練した目で見ていた。当時の多くのヨーロッパの芸術家がそうだったように、彼もまた当初は金細工職人としての訓練を受けていた。とくに冶金によって板金を作り、尖筆を使って金属の表面に模様を彫る版画家にとって、その技術は金細工と密接に結

ジャン・クリストフォロ・ロマーノ、
イザベラ・デステの金の肖像入りメダル、
一五〇五年、金と宝石

びついていた。しかし、金細工の分野が才能ある芸術家たちを惹きつけたのは、それが上流階級のあいだで非常にもてはやされていたからだ(イザベラ・デステの贅沢な肖像入りメダルもその一例)。これは精巧に作られた金細工がすぐに溶かされ、使い捨てにされたという事実と矛盾するように思われるかもしれない。しかし、金細工とは、もともと贅沢な劇場の催しや豪華な料理と同じで、はかない運命の名人芸だと言える。あるいは一種のポトラッチ——北米先住民の儀式で、富や権力を誇示するために客に大盤振る舞いをした——とも、派手な浪費とも言える。

当時の金細工職人は非常に博学な芸術家でもあった。それは彼らの作業に古代の作品についての研究や、贋作を見抜くための幅広い知識が必要とされたからだ。[25] ルネサンス期の画家や彫刻家、版画家として知られる芸術家のなかで、じつは金細工職人の徒弟としてキャリアをスタートさせた人物には、ルカ・デッラ・ロッビア、ロレンツォ・ギベルティ、アンドレア・デル・サルト、サンドロ・ボッティチェッリ、フィリッポ・ブルネレスキ、ドナテッロ、そしてアンドレア・ヴェロッキオがいる。一六世紀のフィレンツェの偉大な画家で、芸術家列伝を書いたことでも知られるジョルジョ・ヴァザーリによれば、一五世紀には、「金細工職人と画家のあいだに非常に密接な結びつき——というより、ほとんど絶え間のない交流——があった」[26]。ヴァザーリにとって、これはボッティチェッリがあれほど容易に油絵に転向できたのは、金細工職人の徒弟として下絵の技術(つまりデッサン)を学んでいたからだという理由を裏づけるものだった。

中世後期のヨーロッパでは、金細工職人はたいてい定員制のギルドに属しており、名人級の職人が死んだり、引っ越したりした場合にのみ新たな欠員が生じた。ギルドの正会員になるためには、「名

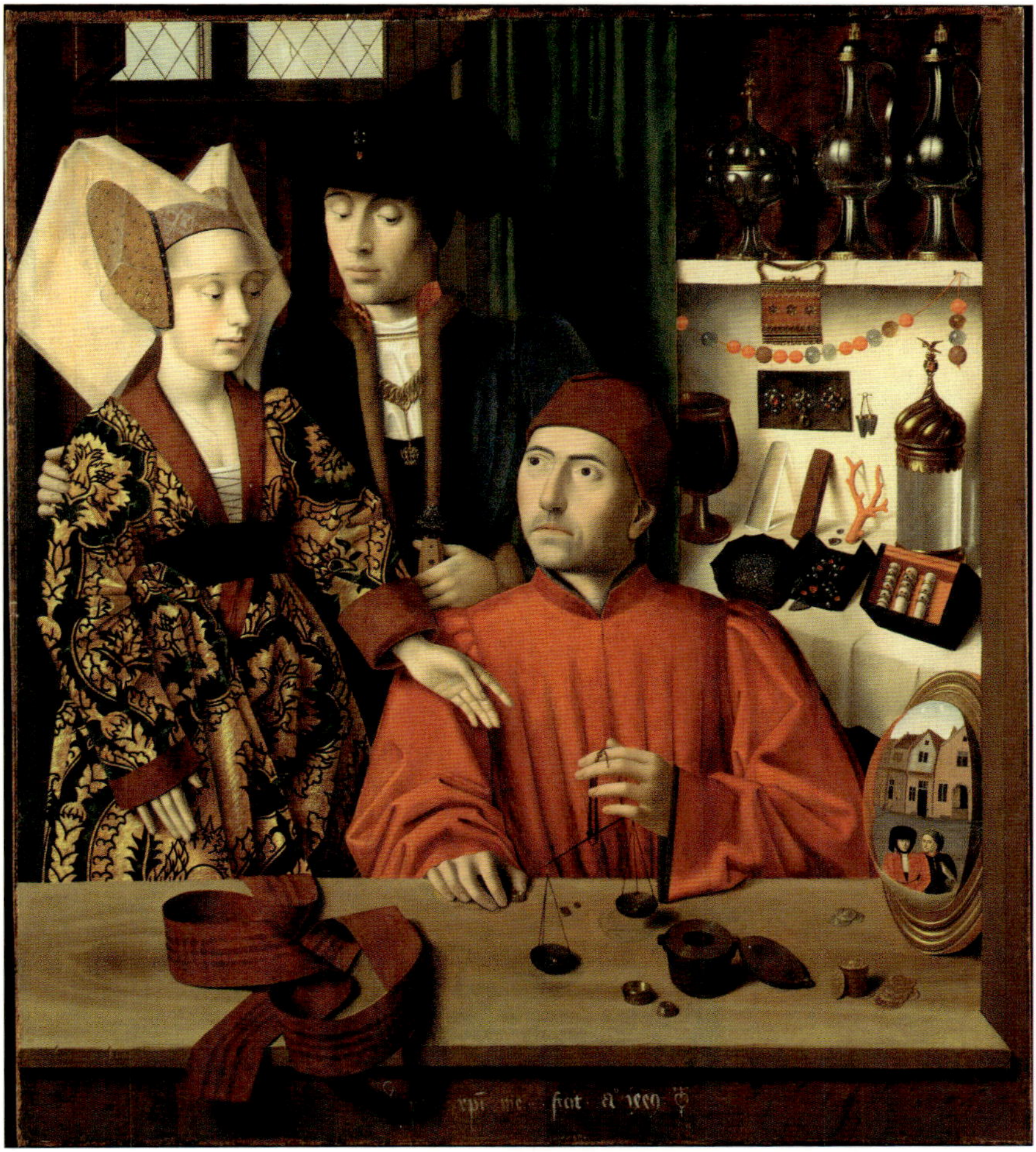

ペトルス・クリストゥス、
『仕事場の聖エリギウス *A Goldsmith in His Shop, Possibly Saint Eligius*』、
一四四九年、木板に油彩

品」――文字どおり、ギルドの「名人級の」職人にふさわしいと証明できるような作品――を生み出す必要があった。今日もそうだが、名人級の優れた職人は、ギルドに特別な「商標」が登録され、その作品に作者を示すマークが刻まれた（作者はほとんどが男性で、女性が自力で「名人級」になることはごくまれだったが、寡婦は死んだ夫のマークを受け継ぐことができた）。金属細工の業界は、こうした商標制度をはじめ、さまざまな面で厳しく管理されていたが、それは貴金属の質を維持するためだった。これは非常に重要な問題で、金銀製品の多くはしばしば溶かして貨幣の鋳造に使われたため、もし混ぜ物などで品質が落ちると、額面よりずっと価値の低い貨幣になってしまうからだ。都市によっては、金細工職人の行動が制限されているところもあった。たとえば、一五世紀のニュルンベルクでは、金細工職人は役所の許可なしに旅に出ることも、部外者と秘密を共有することも禁じられていた。[27]

ある推定によれば、中世ヨーロッパの金細工職人の作品のうち、現存しているのはその一％の半分にも満たない。[28] ルネサンス期の金細工も同じようなものだ。金はつねに経済的価値と強く結びついていたため、金を使った芸術作品は金の流通を妨げるという理由から、歓迎されないことが多かった。実際、奢侈禁止令の目的は、金細工職人があまりに精巧な作品を作らないようにすることだった。精巧すぎる作品では、そこに使われている金を抽出するのが難しくなるばかりか、溶かさずに取っておこうとする動機にもなったからだ。とはいえ、金細工品の多くは困窮した持ち主や泥棒、征服者によって、その物的価値のために溶解されるおそれがあった。ただし、これを前向きにとらえれば、名人級の金細工師の仕事は創作活動ではなく、優れた技術の披露と考えることができ、その作

ベンヴェヌート・チェッリーニ、
「塩入れ」、
一五四三年、金、ニエロ細工、黒檀の台座

品はいくら精巧でも、いずれは破壊される運命にある。

技術の披露という意味で、ベンヴェヌート・チェッリーニほど優れた金細工職人はいなかった。彼が一六世紀に作った黄金の塩入れ――幸運にも破壊を免れた数少ない作品のひとつ――は、西ヨーロッパの非宗教的な金細工品のなかでも逸品に数えられる。その塩入れがふたたび世界の注目を集めたのは、二〇〇三年にウィーンの美術史美術館から盗まれたときだった（二〇〇六年に無事回収）。もとはフェラーラの枢機卿イッポリト・デステのためにデザインされたこの「塩入れ（サリエラ）」は、最終的にはフランス王フランソワ一世の依頼によって制作された。これは塩と胡椒の両方を入れられるようになっており、そこに表現された人物は塩と胡椒の源がそれぞれ海と大地であることを表している（海神ネプチューンと大地母神キュベレが対面する形で配置され、彼らのさまざまな産物が表現されている）。今日、塩や胡椒はごく平凡な日用品で、これほど贅沢な容器に入れるには不釣り合いなように思われるが、当時は強力なシンボルだった。食卓塩はフランスの富の象徴であり、同国は大西洋岸で採取される塩から大きな利益を得ていた。また、塩は冬など収穫が乏しい時期の食料の保存に不可欠だった一方、胡椒は東洋のエキゾティックな商品として、贅沢な輸入品の代表だった。

彩飾写本で見たように、金は立体的な物体を作るための材料であるばかりか、羊皮紙に文字を書いたり、絵を描いたりするための材料でもあった。中世においては、木製パネルに描かれた絵も金で輝いていた。ビザンティンの画家たちはイコン（聖人などの肖像画）に金のハイライトを用いることで、安心感や躍動感を生み出したり、重要な視覚的要素を強調したり、聖人像への敬意を表し

シモーネ・マルティーニ、
『受胎告知』、
一三三三年、木板にテンペラと金

たりした。美術史家のヤロスラフ・フォルダによれば、イコンに金のハイライトを使う習慣は、「イコンの重要かつ新たな概念の一部」として、イコンの賛成派（聖像崇拝者）が反対派（聖像破壊者）に勝利した紀元九世紀後半に発展した。[29]ビザンティンの作品を目にした西ヨーロッパの画家たちは、さっそく聖人のパネル画に金を使うようになった。

そうした多くの宗教画の背景を形成した金はおもに金箔で、上質な金貨を打ち延ばして作られていた。[30]彩飾家と同じく、パネル画家も顔料として貝殻入りの金粉を使った。彼らはパネル画の金の背景に模様を彫ったり、打ち抜いたりすることによって装飾を施し、あるいは金箔を張るまえにまずボールと呼ばれる赤褐色の膠塊粘土、つぎにパスティーリャと呼ばれる石膏を使って下地を作り、そこに彫刻を施した。そうすることで、光輪や王冠、帯、天使の羽根といった金の要素が立体的に見えるというわけだ。一三三三年にシモーネ・マルティーニが制作した『受胎告知』は、金を背景に用いた作品の優れた一例で、そこでは金の光輪が平板な感じではなく、深い陰影をもって描かれている。しかし、それから一世紀後、絵の風情は大きく変化した。幾何学的空間を正確に描写することを重んじた芸術理論家のレオン・バッティスタ・アルベルティは、絵画に金を用いることに反対した。アルベルティは「画家が絵に金を多用するのは、それが作品に威厳を与えてくれると信じているからだ」と述べ、「これは褒められることではない」と批判している。

たとえウェルギリウスの『ディド』――彼女の金の矢筒、金の留め金で結われた金の髪、金の飾り帯のついた紫のドレス、そして手綱をはじめとする金の馬飾り――を描いているとし

グスタフ・クリムト、
『ダナエ』の細部、
一九〇七年、
カンヴァスに油彩と金箔

ても、私はその画家が金を使わないことを望むだろう。なぜなら地味な色彩を使って金の輝きを表現したほうが、その画家により多くの賛美や賞賛をもたらすからだ。[31]

目をくらませるような金を使うよりも、アルベルティは画家に平凡な材料で純金のような輝きを表現する工夫を求めている。彼が言わんとすることはさまざまに説明することができる。それは露骨な気品を嫌い、質素な材料でさりげなく目的を達成することを求めているのかもしれないし、あるいはきらびやかな金による「特殊効果」が表現の写実性を妨げるという懸念を表しているのかもしれない。要するに、画家がその職業の知名度を高めようと必死に努力し、自分がいかに博学かを主張していた時代に、アルベルティは材料に備わった価値ではなく、画家本人の力量による付加価値を重視したのである。

近代美術における金

こうしたアルベルティの主張と正反対だったのが、オーストリアの象徴主義の画家グスタフ・クリムトである。金のモザイク画に影響を受けた彼は、いわゆる「黄金の時代」に、ビザンティン様式や中世の西洋美術を背景とした作品を描いた。『アデーレ・ブロッホ＝バウアーの肖像』、『接吻』、『ダナエ』といった作品において、クリムトはカンヴァス全体に惜しげもなく金箔を使い、人物と背景が溶け合い、幻覚のように光り輝くひとつの画面になるようにした。ダナエの伝説——黄金

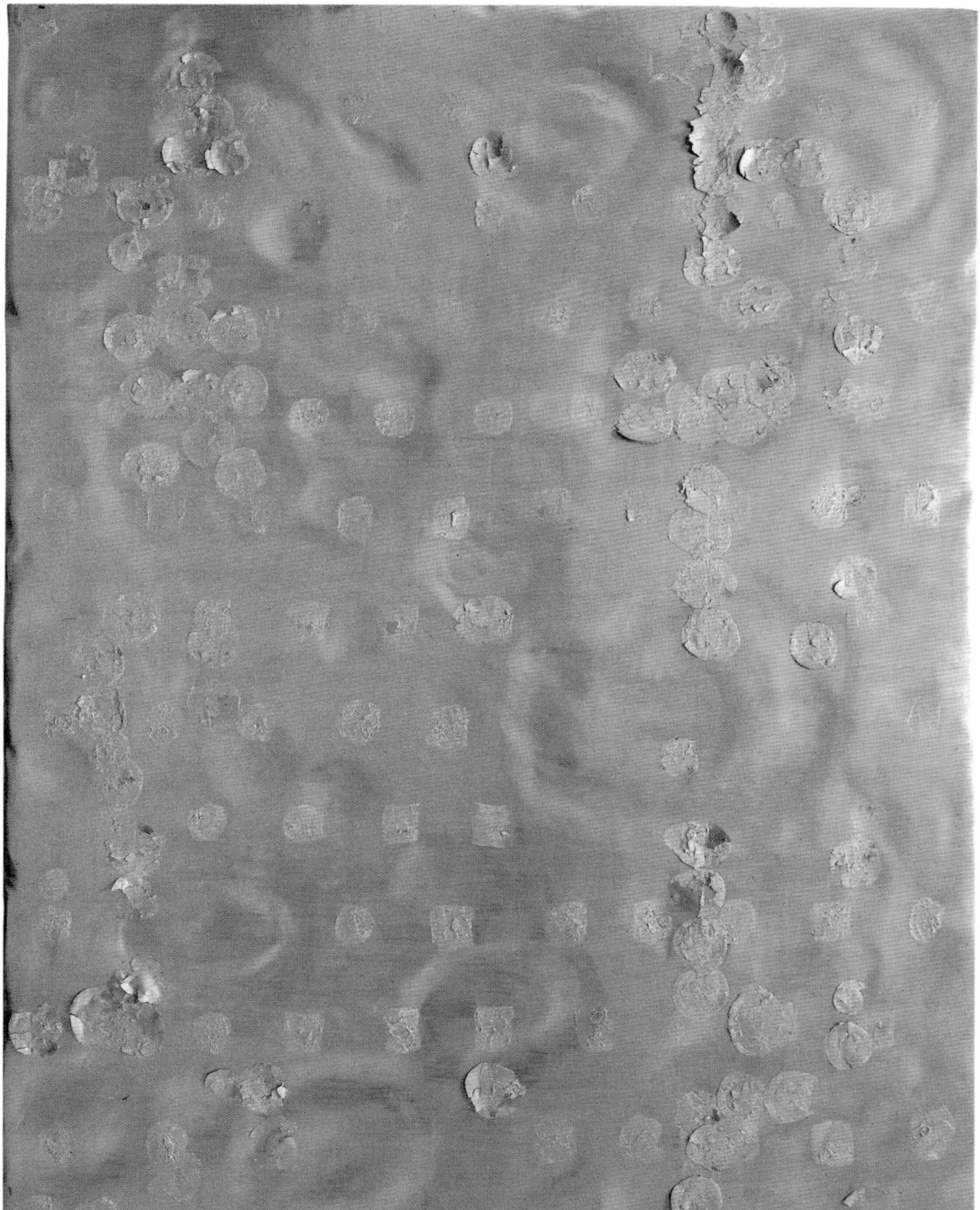

イヴ・クライン、
『沈黙は金である *Le silence est d'or*』、
一九六〇年、木板に金箔

の雨に姿を変え、ダナエが閉じ込められている塔へ侵入したゼウスに誘惑され、身ごもった彼女は、英雄ペルセウスを産んだ――を描いたほかの画家と同じく、クリムトはこの物語を露骨なエロティシズムに対する口実として利用した。ルネサンス期の画家ティツィアーノによる一連の作品でも、聖なる存在が黄金の雨とも、金貨とも取れる曖昧な表現で描かれており、ダナエがこの神聖な訪問者を受け入れたことに対する金銭的な一面を示唆している。しかし、クリムトの場合、ダナエを包み込む金は、彼自身が画家として金に官能性を見出したことの表れだと思われる。

アルベルティの批判がもたらした問題は今日にも引き継がれ、現代のアーティストたちは、金に本当に芸術的価値が内在するのかといった疑問を投げかけ、ときに金そのものを使ってこれを皮肉っている。一九五九年、フランスのコンセプチュアル・アーティストのイヴ・クラインは、『非物質的絵画的感性領域 *Zone de sensibilité picturale immatérielle*』と呼ばれる作品を生み出した。彼は「非物質的絵画的感性領域」と称するものを一定量の純金と交換し、領収書を発行した。買い手がその領収書の焼却を望み、作品タイトルにもある「非物質性」を果たした場合、クラインはそれに相当する金の半分をセーヌ川へ投げ入れ、残りの金は彼の「モノゴールド」という金箔を使った単色画に使った。

カール・アンドレが一九六六年に発表した『ゴールド・フィールド *Gold Field*』は、貴金属商に六〇〇ドルで作らせたというただの正方形の平らな金の板だったが、彼はその作品の依頼主であるコレクターのヴェラ・リストにそれと同じ金額を請求した。この行為を文字どおりに解釈すると、アーティストの苦労が無になるようだが、これはパトロンと芸術家、制作者のあいだの関係を皮肉

リサ・グラニック、
『鼻形成術 *Rhinoplasty*』、
二〇〇三年、石膏と金

エル・アナツイ、
『新しい記憶と薄れゆく記憶 *Fresh and Fading Memories*』、
国際美術展でのインスタレーション、
フォルトゥニー博物館、ヴェネツィア、
二〇〇七年、アルミニウムと銅線

ることにもなる。[32]

彫刻家のロニ・ホーンはアンドレの作品をもとにして、一九八〇年から八二年にかけて『フォームズ・フロム・ザ・ゴールド・フィールド *Forms from the Gold Field*』を制作した。そこでは九〇〇グラムの金を平らにならし、表面が波立った長方形のフロアマットが作られた。この作品に触発されたフェリックス・ゴンザレス゠トレスは、彼の代表作のひとつである「キャンディーの山」を作ってこれに応え、金色の紙に包まれた無数のキャンディーが会場の片隅に積み上げられた。

二〇〇〇年代初めには、アメリカのアーティストで金属細工職人のリサ・グラニックが、『ゴールド・スタンダード *Gold Standard*』という三部作を発表した。それは一風変わった小物の模型を集めたもので、金の価値や歴史についての反省を促すことを目的としていた。第一部は、一部分が金でできた石膏のオブジェで構成されており、オブジェに使われた金の価値が重量で示された。そうしたオブジェはほとんどが大した金銭的価値のない日用品で、石膏のほうが主役であることを意味した。たとえば、本は角の一部分だけが金になっており、ピストルは握りの一部に金がはめ込まれていた。また、『鼻形成術 *Rhinoplasty*』（「鼻の手術」を指す形成外科の専門用語）という作品は、鼻――と眉間――が金でできた人間の顔の石膏型である。第二部は、グラニックがほかの作品の制作に使う金を得るため、購入して溶解した物品の石膏型で構成されていた。第三部では、金細工の歴史が非現実的なフィクションとして表現され、そこにあったとされる架空の品々が展示された。[33]

金のオブジェのはかなさは、イギリスの芸術家リチャード・ライトの作品にも再現されている。

彼は展示スペースの巨大な壁に、バロック様式を思わせるインク染みのような緻密な模様を金箔で描いた（たとえば、二〇〇九年から一〇年にテート・ブリテンに展示された『ノー・タイトル *no title*』など）。こうすることで、ライトは没入型の鑑賞体験を提供し、サラ・ラウンズが述べているように、「日光が当たると輝き、陰ると見えなくなる」金箔の効果で、作品は鑑賞者の立ち位置によって絶えず変化した。[34] ちなみに、その制作プロセスは従来式で、デザインが原寸大の下絵によって壁に転写され、下地用の糊を塗ったあと、小さな四角い金箔が何枚も張られた。

しかし、作品は展示期間が終わると塗りつぶされる。ライトが関心をもっているのは価値であり、「物」ではないからだ。「こうしたペインティングは制作に数週間を要しながらも、完成後に長く残ることは少ない。これには犠牲がともなうが、このアプローチはじつはほかの考え方に由来するもので、物が多すぎるという感覚、そして絵はほかのあらゆるものの一部であるべきだという願望から生まれた」。[35] ガーナの彫刻家エル・アナツイも、世界的な供給過剰の現実に疑問を投げかけた。彼は捨てられた瓶のキャップやアルミ缶から、光り輝く巨大なタペストリーを作った。日常のゴミが一種の金に変わるというこの錬金術的な変化には、アートの力が見て取れる。偶然にも、アナツイは一五世紀にアルベルティが訴えたことを実践している。つまり、貴重な金をそのまま使うのではなく、ありふれた材料を使って、金のような輝きを巧みに生み出すということだ。

第五章　錬金術から宇宙まで——科学における金

マモン　さあ、エピキュアよ、
この身をはるか錬金の高みに、すべて黄金の言葉をもって彼女に語りかけよ。
ジョーヴの神がいとしのダナエに降り注いだ、そのはげしい
黄金の雨を彼女の上に。このマモンにくらべれば、ジョーヴすら卑しき
守銭奴に等しいことを、身をもって示すのだ。大丈夫だとも、化金石があるではないか。
彼女のふれるものはすべて黄金、味わうもの、聞くもの、眠るもの、すべて黄金、
（中略）よし、堂々と、
力強く、彼女に語りかけよう！

ベン・ジョンソン、『錬金術師』
［訳注：『錬金術師』（大場建治訳、南雲堂）より訳文引用］

ベン・ジョンソンの戯曲『錬金術師』は、錬金術の探究を風刺した作品で、ほかの金属から金を

生成しようとする願望と同一視されることが多い。これから見ていくように、錬金術師を嘲笑の的にした人物は、けっしてジョンソンが最初ではない。しかし、歴史の大部分をとおして、錬金術はつねに重大な意味をもっていた。

一四世紀初め、西ヨーロッパでは鉱山が掘り尽くされて銀が不足したため、君主たちは国庫を増大させようと錬金術師を頼った。一三一七年、教皇ヨハネス二二世は *Spondent pariter quas non exhibent*（生み出さない約束）と題した大勅書を発令し、錬金術を犯罪とした。それからまもなくして、ドミニコ修道会はメンバーのなかで錬金術に携わる者すべてを破門し、イタリアの天文学者で錬金術師のチェッコ・ダスコリは、ボローニャ大学教授としての立場にもかかわらず、火刑に処された。錬金術に反対する人々には宗教的な懸念があったが、同時に経済的・政治的な懸念もあった。「錬金術」は、貴金属にそれより価値の劣る金属を混ぜるなど、貨幣の偽造に用いられるおそれがあった。錬金術に対する批判には、成功の可能性を否定したり、黒魔術だと非難したりするのと同じく、錬金術師の強欲さを咎めるものも多かった。また、一四世紀から一五世紀にかけて戦争とその費用が拡大するにつれ、より多くの現金を生み出す必要性が高まり、君主たちは錬金術の恩恵を受けようと錬金術師を保護するようになった。一四〇四年、イングランドのヘンリー四世は貴金属の増産を禁じたが、同じ一五世紀の末には、錬金術に興味をもったヘンリー六世が一部の信頼できる者たちに免責を与え、錬金術を研究させた。

かなり早い段階から、錬金術の術者たちは悪い評判を立てていた。ベン・ジョンソンがそうだったように、多くの人々が彼らを欲と狂気に取りつかれた偽科学者と見なし、錬金術を実現させるという無益な努力に身をすり減らしていると批判した。ピーテル・ブリューゲル(父)による作品をもとにしたフィリップス・ガレの一五五八年の版画には、錬金術師の仕事場の雑然とした様子が描かれており、その中央で錬金術師の妻が空っぽの財布に手をやっている。錬金術は、それを行なう者をかえって貧しくさせるという皮肉な結果を招くことで知られた。のちの時代のある出版業者は、*alchemist*(錬金術師)という言葉をもじって「*Al-Gemist*」というタイトルをつけたが、これは文字どおり、「ごちゃごちゃした」という意味である。ガレの版画とよく似ているが、これよりさらに乱雑な場面が描かれているのが、錬金術師の仕事場の絵によく見られる特徴で、たとえば、頭のおかしい科学者が猿とともに描かれて

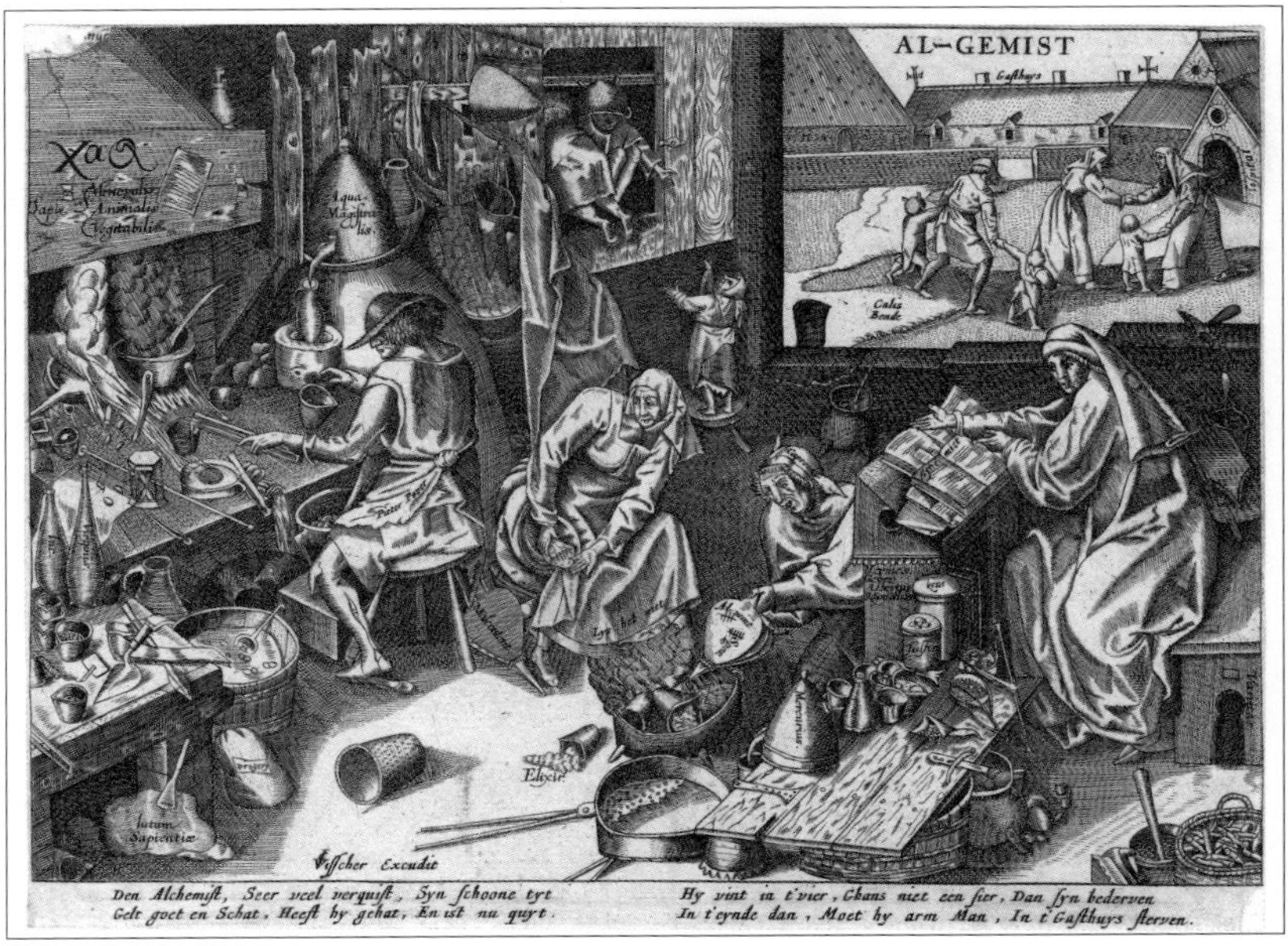

フィリプス・ガレの『錬金術師』の模写、
ピーテル・ブリューゲル(父)による絵をもとに、
一七世紀の版画

いたりする（猿は模倣やいんちきを嘲るシンボルだった）。

一方、錬金術師はペテン師やいかさま師、大ぼら吹きと見なされることもあった。一七世紀から一八世紀にかけての啓蒙時代、錬金術は極端な嘲笑の的となり、近代の科学史においてもそうした偏見は受け継がれた。というのも、当時の科学は過去の研究の歴史から不要なものを除外し、近代的で客観的、そして合理的な方法とその結果につながる先例だけを重視したからだ。

しかし、錬金術をめぐるさまざまな化学的・物理的野心は、ある意味で、近代科学とそれほど違わない仮定のもとにある。つまり、錬金術師たちは一種の原子論を信じていた。錬金術と原子論にどんな結びつきがあるのかは、一九世紀から二〇世紀の変わり目に原子物理学や放射化学という新しい科学が登場したことを知る神秘学の信奉者ならわかるだろう。[1] 錬金術に関するあらゆる理論の根底には、物質世界は四大元素（空気・火・水、土）と四つの性質（熱・冷・湿・乾）がさまざまな割合で組み合わさって現れる「第一質料」から構成されているという考え方があった。つまり、この世界のすべての物質はこれらの元素と性質からできており、それらを分解し、さまざまな割合で再結合させることが可能だと考えられていた。錬金術の主張には空想的なところもあるが、理論的にはこの考え方は近代の原子論とそれほど変わらない。

錬金術師たちはまた、鉱物が土中で育まれたり、一部の動物がほかの動物の退化から生まれたり、人間が病気になったり、ふたたび健康を取り戻したりするのと同じように、物質の変質や変容は自然に発生するもので、しかるべき「術」を用いることによって、そうした自然の変化を助けることができると考えた。自然の法則に反して生じるとは考えられていないことから、それはいわゆる魔

『錬金術師と猿 *Alchemist with Monkey*』、
一七世紀〜一八世紀、
ダフィット・テニールス(子)風、カンヴァスに油彩法とは違った。

実際、錬金術の考え方は、一八世紀や一九世紀の観点は、二〇世紀や二一世紀の観点からよりもずっと馬鹿げて見えた。錬金術師は近代科学における金のさまざまな利用法の先例を示したというのは言い過ぎかもしれないが、彼らはチンキ剤や溶剤、燃焼や発酵、結晶化、焼成、蒸留といった工程をとおして、ひとつの実験科学を行なったのであり、のちの科学に役立つ多くの発見をした。いわゆる一七世紀の科学革命について、当時のヨーロッパの著述家たちの多くは錬金術と距離を置いていた。しかし、それ以前の時代の錬金術師についてはべつで、彼らはしかるべき錬金術を行なう者として、怪しげなペテン師やいかさま師とは区別されていた。錬金術を軽んじていた同じ一七世紀の科学者のなかにも、これに関与していた者たちがいた。近代化学の祖のひとりであるロバート・ボイルとアイザック・ニュートンは、どちらもアメリカの錬金術師ジョージ・スターキー（エイレナエウス・フィラレテス、「真実の安らかなる賛美者」としても知られる）の弟子であり、ボイルは錬金術による「賢者の石」の生成を死ぬまで探究しつづけた。

錬金術の実験は、リンの発見など、有益な知識を生み出した。化学者たちもまた、さまざまな化学的プロセスの説明に使えるような基本原理を追究した。たとえば、「酸性・アルカリ性」の理論では、これらの特性が物質の基本に置かれているが、それはちょうど錬金術師が水銀と硫黄、塩を物質の基本原理と考えていたのと同じだ。イギリスの哲学者フランシス・ベーコンは、すでに一六〇五年の『学問の進歩』のなかで、「金を作り出そうとする探究心と衝動は、多くの有益かつ優れた発明や実験を生み出してきた[2]」と述べている。錬金術師たちが行なった数々の実験は、近代の実験科学の基盤となったのである。

錬金術と金の生成

金やほかの物質（磁器や顔料、さまざまな秘薬など）を「人工的に」作り出したいという願望は、近世ヨーロッパにおける実験科学の発展の中心にあった。それは芸術活動とも密接に結びついていた。ルネサンス初期に美術の技法に関する論文を書いたチェンニーノ・チェンニーニは、「錬金術」によって作られた顔料のことを、化学的ないし物理的プロセスをへて鉱物からできた顔料と同じように述べている。たとえば、ヴァーミリオンは、天然では辰砂の粉末から作られる赤色顔料だが、水銀と硫黄を化合させることによってでも人工的に作ることができる（とりわけ、このふたつは西洋の錬金術において非常に重要な象徴的要素である）。石黄（砒素の硫化鉱物で、ラテン語の *auripigmentum* は「金の顔料」を意味する）もまた、毒性が強いにもかかわらず、その鮮やかな黄色は画家や錬金術師、そして医師たちの注目を集めた。

今の私たちには空想的とも思われる錬金術と、ただの実用的知識とを区別することは難しい場合が多い。中世ヨーロッパの著述家テオフィルスが、写本に金を施すときの工程を記したものを見てみよう。金粉を使って描く場合、まず赤色顔料と卵白液でその下地を作るため、金で飾ろうと考えている箇所すべてにこれを塗る。つぎに粉末にした金を熱した膠と混ぜ、それで絵を描き、最後に「丁寧にカットして磨いた砥石か血石（ヘマタイト）を使って、滑らかで光沢のある角製の平板のうえで」

研磨する。膠はチョウザメかウナギの浮き袋、子牛のヴェラム（写本の用紙として使われる上質皮紙）、あるいは乾燥させたカワカマスの頭の骨を三回洗い、煮詰めることによっても作れる。[3] 現代人の耳には、こうした材料はまるで魔法の薬の材料のように聞こえるが、それらは天然に存在する物質を実用的な専門知識によって活用したものだった。

同じく実用的な冶金に関する知識――金めっきや精製、合成物や合金の生成――も、その起源は数千年前にさかのぼる。多くの場合、金の「製造工程」には、金属物質を金のように見せかけるためのさまざまな形の金めっきや合金が含まれた。私たちが錬金術として知っているものがより秘儀的な意味合いをもつようになったのは、少なくとも西暦紀元の最初の数世紀にさかのぼり、それよりさらに古い可能性もある。失われた文書や謎めいた古代の大家たちによる多くの記述を、どこまで文字どおりに解釈すべきかは難しい問題だ。そうした大家には人間の術者もいれば、ヘルメス・トリスメギストスのような半神もおり、これはギリシア神話の神ヘルメスの化身で、その名は *hermetic*（深遠な）という言葉の由来になった。この言葉が意味するとおり、錬金術に関する書物はわざと不明瞭にしたようなものが多いが、それは十分な知識をもった者にしか秘密を明かさず、幅広い読者に知られないようにするためだった。

錬金術の書物では、一般的な鉱物と同じ名前をもちながら、それとは異なる神秘的な物質について語られることも多い。ローマ帝国末期の多くの著述家が主張するところによれば、紀元三世紀末から四世紀の変わり目に帝国を統治した皇帝ディオクレティアヌスは、エジプトの錬金術師たちが金を生み出し、それが反逆の資金源になることを防ぐため、彼らの書物をすべて焼き払わせた。これは錬金術に関する最古の書物が紀元三〇〇年頃のものであることの説明にもなる。その一世紀後には検閲を受けた記述が見られるようになったため、内容の信憑性については明らかではない。しかし、錬金術に対する攻撃は、貨幣を改良しようとする取り組みの一環だったにすぎず、硬貨の偽造や縁の不正な削り取りに必要なあらゆる知識を妨害しようとしただけなのかもしれない。[4]

『パピルス・グレクス・ホルミエンシス』（ストックホルム・パピルス）や『ライデン・パピルス一〇』といった「錬金術に関する」最古のパピルス写本は、さまざまな化学的調合について解説した書物で、金属の精錬、分析、生成、「増量」、宝石や金属の染色や着色、そして金銀のインク作りのための実際的な方法が書かれている。こうした作業には明らかに詐欺的なものもあれば、メタリック・ゴールドという定義が曖昧なものもあり、後者には「銀白、灰白、黄色、金めっきの物体、（中略）黄鉄鉱［愚か者の金（*fool's gold*）］、カドミウム、硫黄など、（中略）黄色に染められ、分離され、精錬された断片や薄片のすべて」が含まれていた。[5]

パノポリスのゾシモスは、紀元三世紀のエジプトに生まれた錬金術師で、ひたすら金属の変質に注目し、秘密めいた語調を取るなど、いかにも古代の錬金術書らしい論文を書いた。ファラオの時代から続く長い伝統に取り組んでいるというゾシモスは、ヘルメス主義やグノーシス主義の表現を用い、秘儀的なヴィジョンを語りながら、金属の精錬と精神の純化を結びつけた。彼の論文では、硫黄と水銀の結びつきは、のちの錬金術師たちによってほど重視されていないが（彼らはこのふたつの元素の結合が金を生み出すためのカギだと信じていた）、このふたつを混ぜ合わせる工程が記されているのは確かだ。

AVREAE MENSAE. LIB. II. 57

FVMVS COMPLECTITVR FVMVM
& herba alba creſcens ſuper monticulis
capit vtrumq;

MAgna eſt controuerſia de hac Maria, an ſit fictitia vel ſuppoſititia omnino, ſi non, an fuerit ſoror Moyſis, an alia Iudaicæ gentis fœmina. Fictitiam non eſſe conuincit conſenſus omnium ætatum Chymicorum & præter illos aliorum doctiſſimorum virorum. Adhæc liber ipſi adſcriptus nomen non videtur mentiri ſed om-

Mariam hanc non eſſe fictitiam,

H nibu-

「ユダヤ婦人マリア」、ミハエル・マイヤー、
『シンボラ・アウレア・メンサ・デュオデシム・ナティオナム *Symbola aureae mensae duodecim nationum*』
（一六一七年）、エッチング

ゾシモスによれば、その後の錬金術の書物で主要なテーマとなる「賢者の石」は、どんな金属も金に変えるという特性をもつ純物質と考えられている。ゾシモスはまた、彼が教えてくれなければ知り得なかったような古い時代の錬金術師についても、情報を提供している。たとえば、彼より数世代前のエジプトに生きた「ユダヤ婦人マリア」は、錬金術に必要な多くの器具を発明したとして評価されている（彼女の名は、二重鍋を意味するフランス語の「*bain-marie*（バン・マリー）」という言葉に今も残っている）。五世紀のギリシアの哲学者プロクロスの時代までに、金の生成をめぐる探究は文化的トポスとして確立された一方、彼は「特定の種の混合物から金を作ろうとする者たち」を非難した。ただ、プロクロス自身の考え方も、現代人の耳にはやはり秘儀的に聞こえる。古代末期から近世前期までのほかの多くの著述家と同じように、彼は「金銀が天の神々とその放射物の影響を受けて土中で「育まれる」」と信じていた。[6]

そもそも私たちに *alchemy*（錬金術）という言葉をもたらしたのはアラビア語で、ほかにも *elixir*（霊薬）、*alkali*（アルカリ）、*alcohol*（アルコール）、*algebra*（代数学）といった多くの関連語がアラビア語に由来する。*alchemy* という言葉は、混合物を意味するギリシア語の *chymeia* のアラビア語訳から来ている。六四〇年に正統カリフがアレクサンドリアを征服すると、アラブの錬金術師たちはエジプトの錬金術師たちのもつヘレニズムの知識が書かれた写本を手に入れた。彼らはまた、化学や冶金学に関するインドの実用的な知識も参照し、そうした伝統に彼ら自身の科学的厳密性をくわえた。

八世紀か九世紀のペルシアに生まれたジャービル・イブン＝ハイヤーンは、イスラム世界の錬金術師のなかでもっとも重要な人物だったと言える。彼が書いたとされるアラビア語の文献によれば、すべての金属は水銀と硫黄に由来するとされ、これは中世および近世前期の錬金術の主要な理論となった。彼（あるいは彼の名で書物を記した者たち）は、卑金属を金に変えるという「賢者の石」――ジャービルにとって、これは「不老不死の霊薬」と同義だった――の調合プロセスを詳しく記している。しかし、卑金属を金に変えることは、一〇〇〇年にわたって錬金術の知識を積み重ねてきた実験活動の要素の一部にすぎなかった。ジャービルはほかにも塩化アンモニウムのような化合物を精製したり、鋼鉄を作ったり、布や革を染色したり、酢から酢酸を抽出したりした。彼はまた、金やプラチナも溶解できる硝酸と塩酸の混合物で、西洋では *aqua regia*（王水）として知られるようになったものを生み出したとも言われる（硝酸は銀などのほかの金属は溶解できるが、単体では金を溶解できないことから、金属の純度を調べる「酸性テスト」の起源となった）。

ジャービルが記したとされるアラビア語の書物でさえ、それが単一の歴史的人物の作であると断定することはできない。しかも、ヨーロッパでは問題がさらに複雑だった。というのも、ジャービルは「ジーベル」としても知られるようになっており、その名前は彼の死後、錬金術が西ヨーロッパへ到来した一二世紀以降に書かれた何百という錬金術の書物に使われた。ただし、当時は錬金術を行なっていると認めることが政治的に危険な状況を招いたため、偽名を用いることは、文書偽造の問題というより自己防衛だったと思われる。

もちろん、著名人の名前で出せば書物に箔がついたのは確かで、それは二世紀のインドの仏僧龍樹《りゅうじゅ》やカタルーニャの医師ラモン・リュイの名を借りた人々の場合も同じだ。リュイの名を使っ

風景画のなかの両性具有者、『
太陽の輝き *Splendor Solis*』写本（一五八二年）より、
サロモン・トリスモジンによる錬金術書

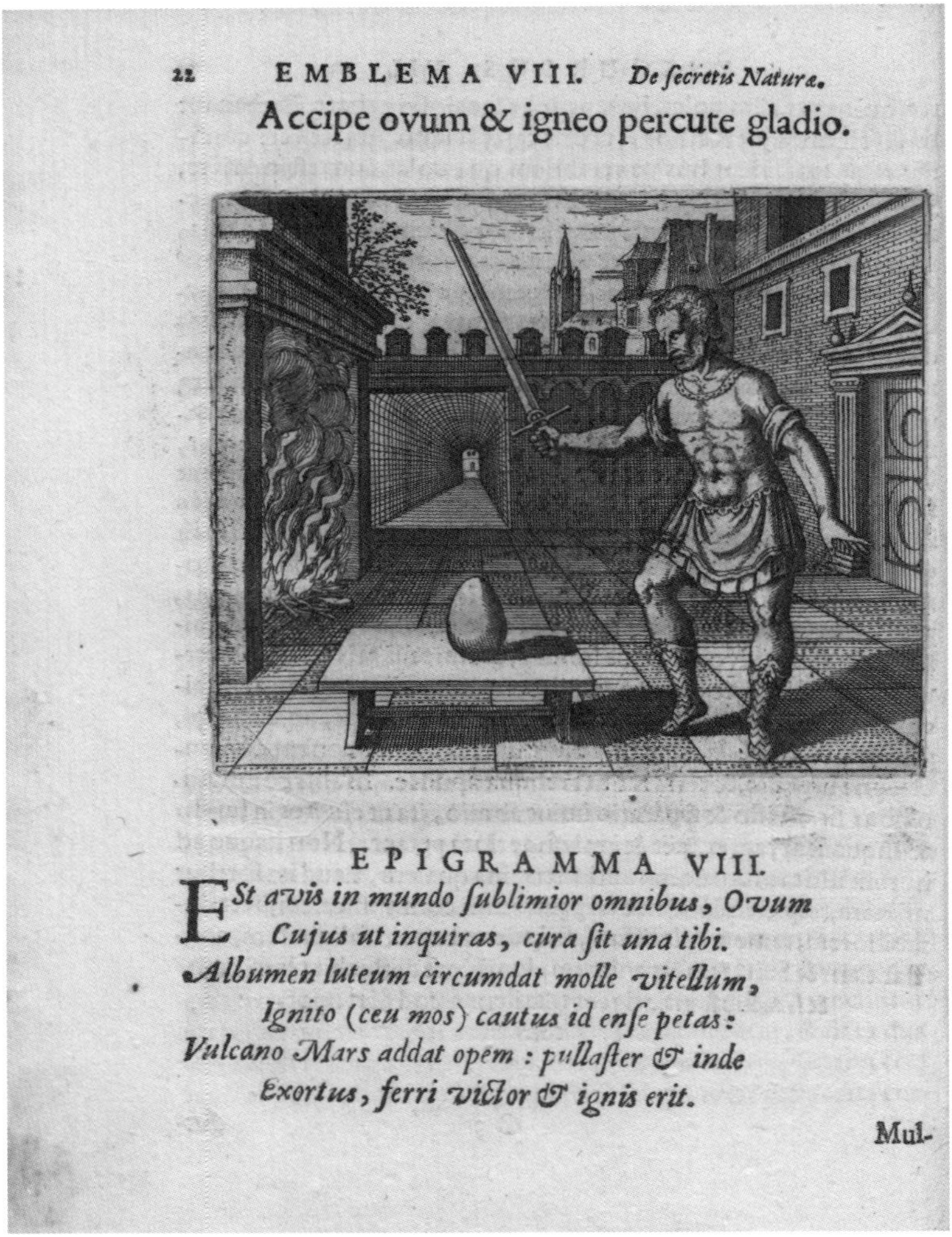
22 EMBLEMA VIII. *De ſecretis Naturæ.*

Accipe ovum & igneo percute gladio.

EPIGRAMMA VIII.

Est avis in mundo ſublimior omnibus, Ovum
Cujus ut inquiras, cura ſit una tibi.
Albumen luteum circumdat molle vitellum,
Ignito (ceu mos) cautus id enſe petas:
Vulcano Mars addat opem : pullaſter & inde
Exortus, ferri victor & ignis erit.

Mul-

「かくと据へたる卵をば」、
ミハイル・マイヤーの『逃げるアタランテ *Atalanta fugiens*』
（一六一八年）のエッチング

た錬金術師たちは、ジャービルの理論と対立する水銀単体理論を提議した。この理論によれば、錬金術の目的は、天界にある水星が物質として現れた「第五元素（エーテル）」を抽出することであり、さらにそれを精製し、第一質料そのものを手に入れることだった。ヨーロッパの錬金術師たちのあいだでは、あらゆる体系が提議され、議論された。イギリスの修道士で学者のロジャー・ベーコンは、血や乳、尿といった動物性物質が、燃焼や蒸留や発酵といったプロセスをつうじて変質すると力説した。その後の錬金術師たちは、「賢者の石」が硫酸塩（硫酸）や硝石（硝酸カリウム）から作れると信じた。そしてあとで述べるように、パラケルススは硫黄と水銀にくわえて、塩を基本要素とした。

中国の道教からインドのタントラ教、さらにアラブの文献をつうじてヨーロッパへと広がった錬金術の世界には、独特のシンボリズムが存在する。それによれば、物質にはそれぞれ象徴的な性別があり、金属の生成は一種の有性生殖と理解されている。ジャービルの伝統的概念によれば、硫黄（太陽のようなもの）は男性、水銀（月のようなもの）は女性で、このふたつの結合は有性生殖結合と理解された。ふたつが酸浴槽のなかで結びつくと、破壊と再生を繰り返す両性具有の物質が生み出された。

錬金術に関する書物の多くは非常に難解で複雑、かつ隠喩的――卵の密生、フラスコ、ホムンクルス（人工小人）、ドラゴン、両性具有者、ヒキガエル――で、それらの意味は実際的というより象徴的なものだ。ミハエル・マイヤーが一六一八年に発表した寓意画集『逃げるアタランテ *Atalanta fugiens*』の挿し絵のひとつには、「かくと据へたる卵をば燃える剣で打ち割るべし」とい

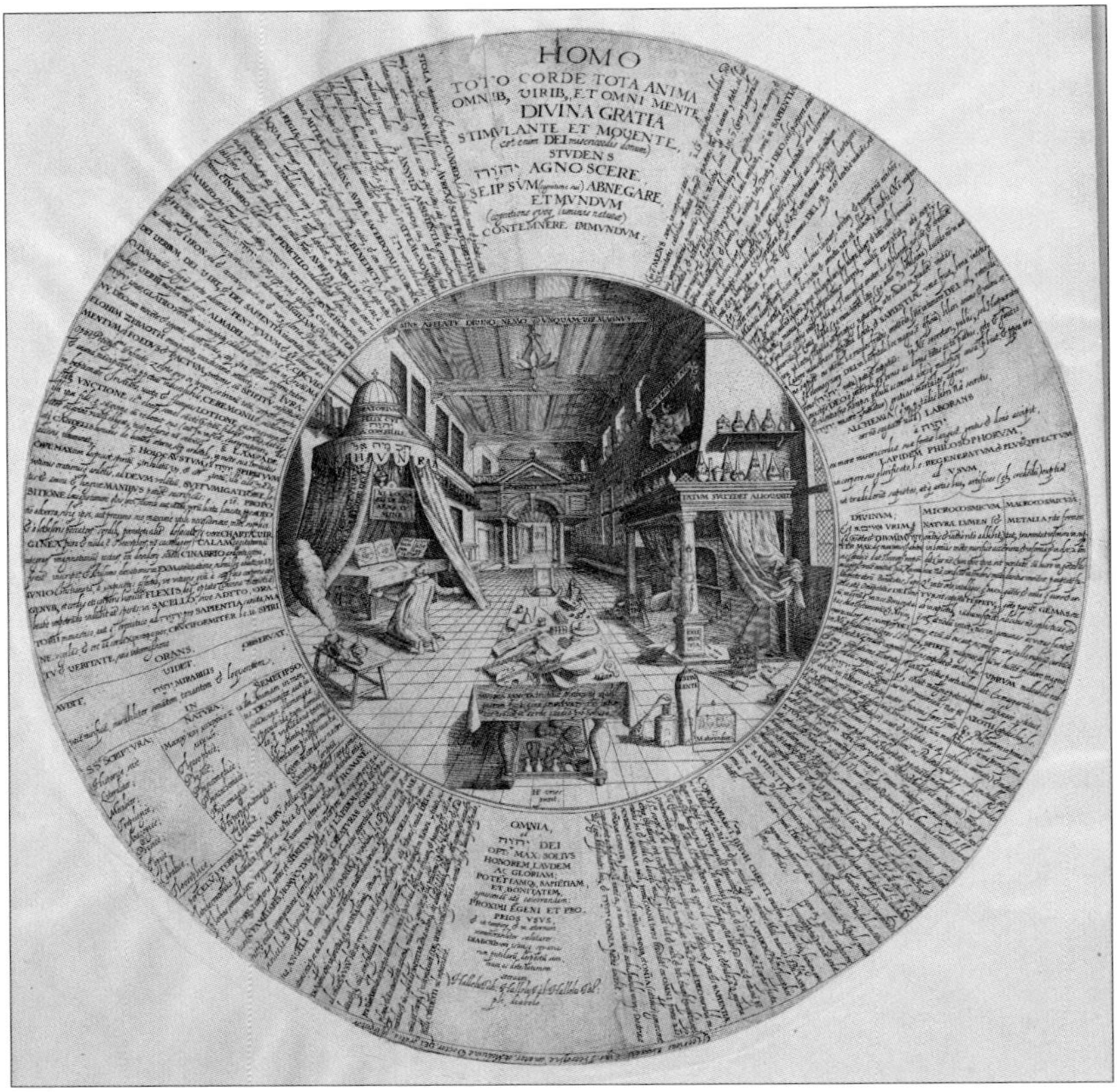

ペーター・ファン・デル・ドールトの作とされるエッチング。
ハンス・フレーデマン・デ・フリースの絵をもとに、
ハインリヒ・クンラートの『永遠なる英知の円形劇場 *Amphitheatrum sapientiae aeternae*』
（一五九五年）より『錬金術師の実験室 *The Alchemist's Laboratory*』

う詩句が添えられ、錬金術の知識に楽曲までつけられている。こうしたシンボリズムは、十分な知識のない者に錬金術の実用的方法を明かさないための戦略だったのかもしれない。しかし、その比喩的な表現は、錬金術の工程そのものが精神的な観点から理解されていたことを示し、金属の精製は魂の純化を表していたと考えられる。つまり、錬金術の教えは、人間界と自然界、そして天上界が象徴的な意味においてだけでなく、物質的な意味においても互いに結びついているとする小宇宙・大宇宙の哲学にもとづいていた。ハインリヒ・クンラートの『永遠なる英知の円形劇場 *Amphitheatrum sapientiae aeternae*』の版画では、錬金術師の仕事場が巨大な目の瞳孔を形づくっており、錬金術が――とりわけ――「汝自身を知れ」という格言を拠りどころとしていることを示している。さらに驚くべきなのは、宗教改革の指導者マルティン・ルターが、錬金術と改革神学のあいだに矛盾を認めなかったという事実だ。

錬金術という学問が私はとても好きだし、実際、それは古代の賢人たちの知恵の原理である。私が錬金術を好きなのは、それが金属を溶かしたり、草や根を煮詰め、調合し、抽出し、蒸留したりすることによってもたらす利益のためばかりではない。私が錬金術を好きなのは、そこにきわめて優れた比喩や意味が隠されているためでもある。（中略）というのも、炉のなかと同じように、火はある物質からほかの部分を抽出したり、分離したりして、その息吹、その生命、その活力、その強さを上へと運ぶ一方、不純なものや残りかすは、命を失った死体や価値のない残骸と同じく、底に沈殿する。神でさえそのようで、最後の審判の日、神は火によってすべてのものを分離し、正しきものと罪深きものを区別する。[7]

金と薬

古代、錬金術は医学や宇宙論にもつながる幅広い哲学的視野をもち、たんに富を拡大することだけが目的ではなかった。実際、金と薬理学には古くから密接な結びつきがあった。また、金は「気高さ」をもつとされたことから、死者に永遠の命をもたらす媒体として埋葬に使われるようになった。古代エジプトの末期王朝時代、紀元前七世紀から四世紀にかけて、ミイラは金で覆われていた——皮膚全体に金めっきが施されたか、遺体のおもな開口部や急所が金で封じられた。これは遺体の腐敗を防ぐためだけでなく、金のみでできた不滅の存在として生まれ変わらせるためでもあった。[8]

錬金術を使った薬や治療は、とりわけアジアにおいて重んじられ、そうした行為はヨーロッパで影響力をもつようになったアラブの著述家たちにも——何らかの方法で——知られるようになった。実際、金は中国の経済体制ではその中心ではなかったが、薬局方では欠かせない要素だった。煉丹術とも呼ばれる中国の錬金術には、動物系や鉱物系の成分だけでなく、草花や穀物、果物から作られた無数の霊薬（仙丹）があった。明王朝の錬金術書には、「赤雪流珠丹」や「絳色紫遊丹」といった詩的な響きをもつものから、「麗日丹」や「八石丹」といった平凡なものまで、さまざまな種類の霊薬が記されていた。ただし、金は表面上、多くの霊薬に材料として使われていることになって上◉掛け軸、炭籠を持った錬金術師。
明王朝、張士行（ちょうしこう）の模写、
紀元一三五一年～一四〇〇年

下◉吹き込み成形による
六角形のガラスの花瓶、鶏冠石を模して
作られている。
清王朝、北京、紀元一七二三年～五〇年頃

いたが、金に由来する名前をもつ薬はほとんどない――「金液玉華丹」は例外。[9] 辰砂や砒素化合物の石黄、鶏冠石も定番の材料だったが、これらには毒性があり、むしろ健康に悪影響を及ぼした（清王朝では、ガラス容器を着色して鶏冠石のように見せかけた作品もあり、その赤みがかった橙色は美しく、毒性もなかった）。もし金の調合薬で意図した効果が得られない場合、それはその服用者が必要な儀式的手順をきちんと踏んでいないということになる。

たとえば、晋王朝の錬金術師、葛洪《かっこう》によれば、伝説の帝王黄帝《こうてい》は、「九鼎丹《きゅうていたん》」と呼ばれる霊薬を飲んで仙人になれたという。しかし、これを服用する者は一〇〇日間にわたって清めの儀式を行ない、みずからの行為を秘密にしたまま、「証として人間の形をした金の小像（中略）と金魚を（中略）東へ向かって流れる小川に投げ入れ、生贄（鶏）の血を唇に塗って誓いを立てなければならなかった」。[10]

そもそも中国における錬金術の考え方は、古代インド・イラン語派の宗教文書に由来していたようだ。そこではソーマという何らかの植物の液汁を用いた祭祀に金が関係しており、インド最古の聖典ヴェーダによれば、ソーマは金色の神聖な飲料とされ、永遠の命と結びついていた。実際、それは向精神作用のあるキノコだったという可能性もある。[11] また、金の飲料を飲み、さらに金の皿や金の用具を使って食事をすれば、長生きできるともされていた。[12]

一方、完全な金を人工的に作り出すという考えが、不老不死の霊薬の概念と最初に結びついたのは、紀元前四世紀の中国だったと思われる。中国の錬金術の起源は、これと同時期に始まった道教という宗教的・哲学的運動と切り離して考えることはできない。紀元前二世紀までに、中国では人工の金と不老不死の霊薬というふたつの概念がしっかりと結びつき[13]、やがて世界中に広まることとなった。中国の錬金術師たちは、人工の金が天然の金より優れていると喧伝した。錬金術の大家だった葛洪の著書『抱朴子』の内篇でも、人工の金は錬金術師を不老不死にすることから天然の金にも勝るとされ、これには語り手自身も驚いている（錬金術師の貧しさもその発展の一因とされ、彼らが金を手に入れるにはそれを作るしかなかった）[14]。金の生成を不可能だと考えることは、ドラゴンやユニコーンの存在を信じないことと同じだが、見たことがないからといって、それが存在しないということにはならないと、葛は述べている[15]。

西洋の多くの錬金術書と同じく、中国の錬金術の文献でも、よく隠喩的な表現が用いられた。そのなかの化学的プロセスについての説明を精神的な意味で解釈すべきか、それとも実際的な意味で解釈すべきかは、なかなか難しい問題だ。葛洪の『抱朴子』では、公的な知識と私的な知識が明確に区別され、内容が内篇（道教の教え）と外篇（儒教の教え）に分かれている。外篇には日常のさまざまな問題に関する助言が記されている一方、内篇には化学的生成のプロセスとその哲学的概念の両方が説明されており、「内丹術」（瞑想による自己鍛錬）と「外丹術」（霊薬の生成）が等しく重んじられた。葛はまた、『抱朴子神仙金液経 *Scripture of the Golden Liquid of the Divine Immortals, by the Master Who Embraces Spontaneous Nature*』において、金を生み出し、永遠の命を授かるための一連の霊薬作りのプロセスについて述べている。

葛洪をはじめとする中国の錬金術師たちは、錬金術と瞑想のふたつが、ほかの自己鍛錬法（運動や植物薬、呼吸法、性的技術、食事療法）よりも優れており、魔術や占いにも勝ると考えた[16]。錬金術師は宮廷から優遇されることが多く、彼らの階級には男性だけでなく、女性も含まれていた。たとえば、南唐の宮廷錬金術師だった耿仙姑《こうせんこ》は、数々の功績のなかでも、とくに雪を銀に変えることができたとして知られている。しかし、西洋の場合と同じく、錬金術はときに魔術師やいかさま師による怪しげな術と同類にされることがあった（雪が銀に変わるなど、手品師のトリックだったとしか思えない）。民間信仰の道教は、方士《ほうし》と呼ばれる術者の領域でもあり、これは魔術師や占い師、あるいは職人と訳すこともできる。彼らの専門知識にはあらゆる形の予言のほか、医術や冶金術による物質の変容が含まれていた。前漢後期の政治家で経書に精通していた谷永《こくえい》は、方士をつぎのように批判している。

盛んにもののけや鬼神をもち出し、鬼神の祭祀ばかりを立派にし、幸いをもたらさぬ祠廟からご利益を求める者ども、（中略）五方向を象徴する五色の穀物を植え育て、朝に種まけば夕べに収穫し、山や石のごとき長寿を得、丹沙を変化させて黄金を作ることができ、（中略）死せず飢えざるといわれる五色や五倉を体内に宿すことができるという方術などを言う者ども、これらはすべて邪まな連中で、民衆を惑わせ、邪道をいだき、人々を誑かすことを考え、そして君主をも瞞着するのです。[17]

［訳注：『漢書郊祀志』（班固著、狩野直禎・西脇常記訳、平凡社）より訳文引用］

錬金術による金は、ヨーロッパにおいても長寿と結びつけられるようになったが、金の霊薬によってこの世で永遠の命を得るという考え方は、キリスト教を背景とした社会では容易に受け入れられなかった。しかし、ヨーロッパの錬金術師たちの多くは医師でもあり、なかでも一六世紀のスイス人医師パラケルススは有名である。メアリー・シェリーの小説『フランケンシュタイン』では、近世前期の科学者ヴィクター・フランケンシュタインが、人造人間を作るという古くからの禁断の領域に足を踏み入れ、これを実現させるという物語である。

たしかに、パラケルススも錬金術を追究した（彼は水銀と硫黄の二原質論に、塩をくわえて三原

氏名不詳のフランス画家、
『ディアーヌ・ド・ポワティエの肖像』、
赤と黒のチョークによる線画、一七世紀

質論を唱えた）が、彼がそうしたのは医学の一環としてだった。医学に対する彼の経験的アプローチには、観察によって傷には焼灼よりも洗浄のほうが効果的だと判断したり、病気の治療に金属化合物を用いたりする（たとえば、癲癇や気分障害の治療に金化合物を使う）など、本質的には化学療法につながる実験も含まれていた。パラケルススはまた、のちにアヘンチンキとして普及することになったローダナムと呼ばれる薬剤も発明したが、彼にとって、これは数種類の霊薬を指し、金や真珠のような材料が含まれていたとも考えられる。パラケルススは金を気高い金属、総合的な霊薬として重んじ、これをつねに人々の治療に利用した。

こうした考え方をしたのはけっして彼だけではなく、貴族のあいだでも金を飲む習慣が広がり、ときには悲劇的な結末を招くこともあった。金は少量なら安全に服用できる——ゴールドシュレーガーのような酒や高級フランス料理にあるように——が、大量に飲むと毒になる。フランス国王アンリ二世の愛妾だったディアーヌ・ド・ポワティエは、若さを保つ霊薬として金を飲んでいたことで知られるが、二〇〇九年に彼女の遺体が掘り起こされたとき、その毛髪から高濃度の金——毒性量——が検出された。[18] 若さを追い求めたことが、彼女の死の原因だったのかもしれない。

二〇世紀に入るまえ、金は梅毒、心臓病、疱瘡、憂鬱病といったあらゆる病気の治療に使われていた。そして金の化合物は二〇世紀初めから、関節リューマチや狼瘡《ろうそう》の症状を緩和するために使われている（注射剤や経口剤として）。こうした化合物には抗炎症作用があるが、金を使った長期治療は、皮膚の色素異常や内臓障害を引き起こすおそれがある。現在、そのメカニズムの解明と毒性の懸念に対処するための研究が行なわれている。獣医学の現場では、鍼灸のツボに金粒を埋め込むことにより、癲癇や股関節形成不全といった動物の病気を治療しているところもある――人間の患者の治療法としては一般的ではない。

現代の医療で金が使われる例として、もっともよく知られているもののひとつが、歯科治療における歯冠や充填剤である。歯科治療における金の利用には長い歴史がある。古代エトルリア人は歯冠やブリッジに金を使っていたという。また、初代アメリカ大統領のジョージ・ワシントンは、木製の入れ歯を使っていたと一般に（そして間違って）思われているが、彼の総入れ歯の少なくともひとつには、木よりもずっと高価な金と象牙が使われていた。[19]

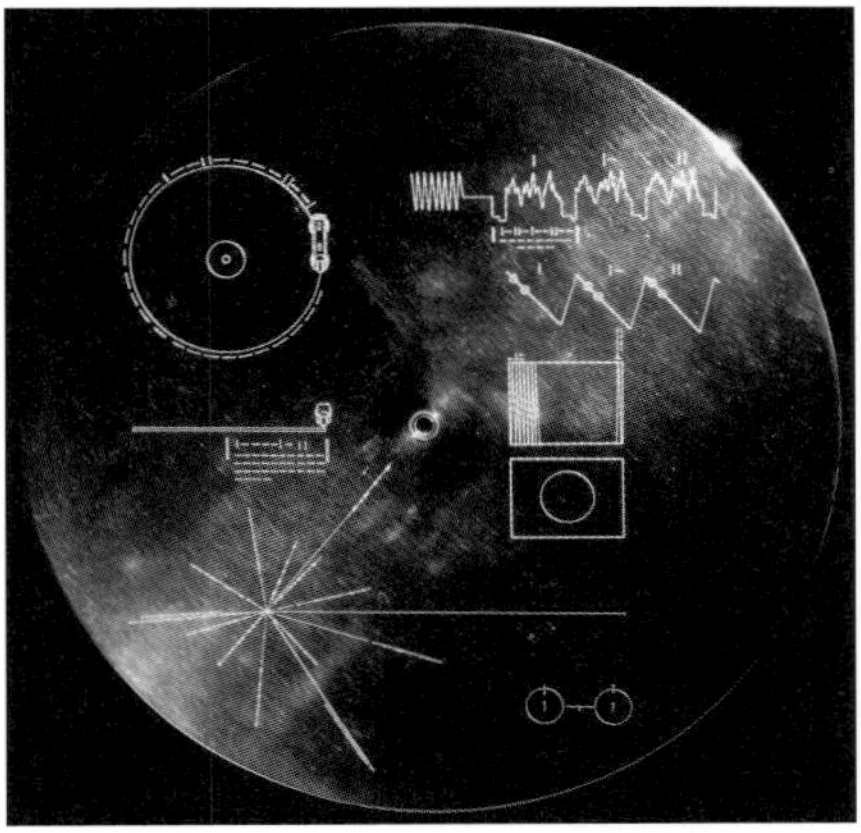

上◉ボイジャー一号の「ゴールデン・レコード」のジャケット
下◉二〇一一年九月、NASAの技術者たちはジェームズ・ウェッブ宇宙望遠鏡の二一枚のセグメント鏡を極薄の金でコーティングする作業を完了した。

電子工学と先端技術における金

近代以前の世界では、金は貴重品を入れる容器としては望ましいが、道具には適さないと考えられていたが、現代科学では金が多くの分野で利用されている。写真の世界ではトナーとして、宇宙工学では機材や宇宙飛行士を電磁放射線から守る反射材として、一部の触媒コンバーターではコーティングとして、そして航空機ではコックピットの窓の防氷装置として使われている。一九七七年に木星観測ロケットとして打ち上げられ、現在も星間空間を飛行中のボイジャー一号・二号には、音や画像など、二〇世紀後半の地球のさまざまな文化が収録された金のＬＰレコードが積み込まれている。もっと最近の例では、二〇一八年に打ち上げが予定されているＮＡＳＡ（アメリカ航空宇宙局）のジェームズ・ウェッブ宇宙望遠鏡において、宇宙からの赤外線を反射、観測するためのミラーに極薄の金がコーティングされている。

金は湿気や腐食に強く、展延性に富むため、ハイテク機器でとくに高く評価されている。金の物理的特性は、多くの技術革新を支える役割を果たしてきた。一七八六年、イギリスの聖職者エーブラハム・ベネットは金箔検電器を発明し、それまでより感度の高い測定を可能にした。ベネットの検電器では、二枚の金箔が大きなガラスのシリンダーのなかに取りつけられており、金箔とつながった金属板に電荷がくわわると、それがＶ字型に開いた。[20] 一九〇九年、ハンス・ガイガー（ガイガー・カウンターで有名）とアーネスト・マースデンは、原子が正電荷をもつ原子核とそれを取り巻く電子によって構成されていることを立証したが、ふたりがその実験で最初に用いた物質が金だった。金箔によって得られる薄さは、アルファ粒子を照射し、その散乱の様子を観察するのに適しており、金の原子に関連した正電荷と負電荷の測定を可能にした。さらに、これは元素周期表を原子量ではなく、原子番号（ひとつの元素の原子核に含まれる陽子の数）の順に並べるという原則も確立させた。

科学が軍事利用から基礎研究への転換期にあった第二次世界大戦直後、現代のあらゆる電子技術の基礎となったトランジスタが開発され、金箔はここでも重要な存在だった。トランジスタの働きは、半導体を流れる電荷を増幅したり、オン・オフの切り替えを行なったりすることによるものだ。半導体――シリコンがその代表――は、流す電荷の量をコントロールできることから、現代の電子機器にはなくてはならない物質である。定義によれば、半導体は、導体（金もそのひとつ）と絶縁体（ガラスなど）の中間の電気伝導率をもち、「不純物を添加すること」、すなわち「ゲートを制御すること」によって、その伝導率をさまざまに変えることができる。電気通信の音声信号を増幅する手段を研究していたベル研究所の科学者たちは、一九四七年に初めてトランジスタを開発した。彼らはプラスティック製の楔《くさび》を金箔でコーティングし、それにカミソリで切

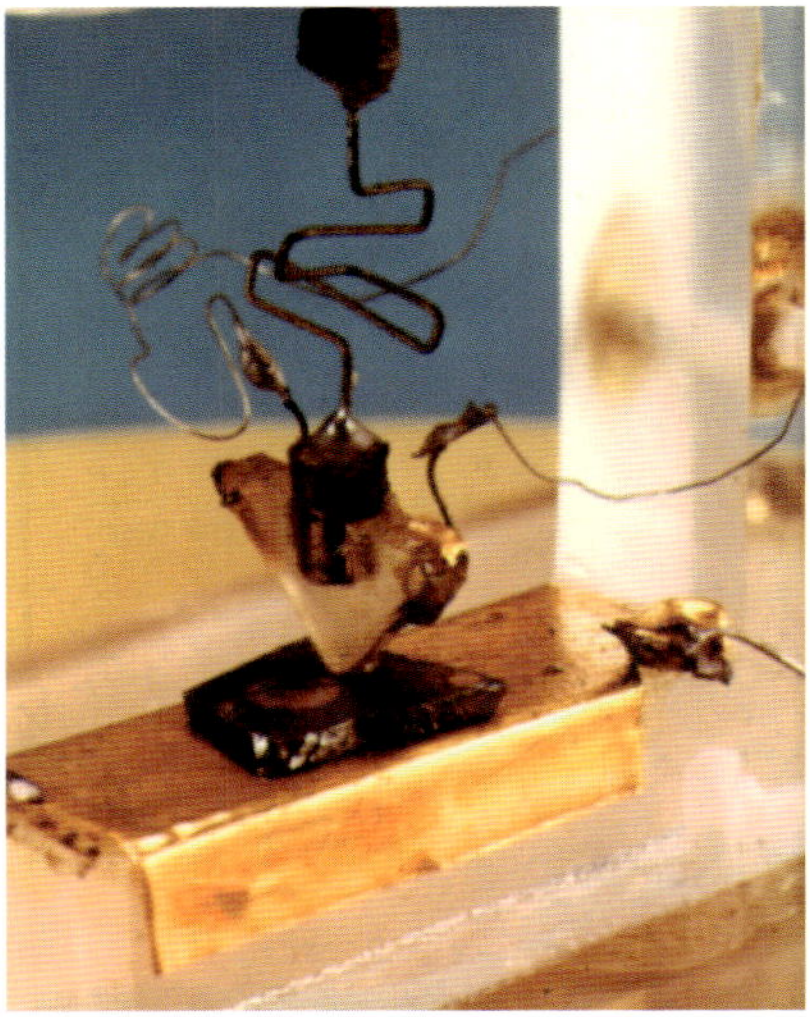

世界初のトランジスタ。
バーディーンとブラッテンによる
「点接触型半導体増幅器」、
ゲルマニウムと金

れ込みを入れ、ふたつの近接した接触点を作った。つぎに金箔で覆った楔を、半導体であるゲルマニウムの基盤に押し当てた。ゲルマニウムに正電荷をくわえると、一方の接触点で電子が吸い出され、より多くの電子がゲルマニウムを通過してもう一方の接触点へと移動した。つまり、一方が「エミッター」、もう一方が「コレクター」として作用することで、電荷の伝導・増幅がなされたのである。[21]

一九五〇年代後半以降には、極細の金線が複雑な電子回路にボンディング・ワイヤーとして使われるようになった。一〇～二〇〇ミクロンという人間の毛髪よりも細い金線は、集積回路の部品――トランジスタや抵抗器、コンデンサー、ダイオード――をマイクロチップにつなげるのに最適だった。ただし、金はコストがかかるため、現在は金よりも（腐食はしやすいが）安く、伝導率の高い銅が多く使われている。

海水と詐欺に見る現代の錬金術

エルナン・コルテス率いるスペインの征服者たちがメキシコに上陸したとき、彼らは「ソロモンが神殿のための金を取ったとされる場所」と同じくらい金が豊富な土地を見つけたと思った。[22] しかし、その貴重な金はいつも簡単に見つかったわけではなかった。コルテスが最初にモクテスマ王の金について尋ねたとき、彼はアステカ人に自分たちは金でしか治せない心臓の病に苦しんでいると話し、みずからの要求を正当化した。[23] おそらく、彼は金にそうした薬効があるとする錬金術の言い伝えを覚えていたのかもしれないし、ただ説得力のある話をでっち上げようとしただけかもしれない。いずれにせよ、この話はあとから語られたものなので、脚色された可能性もある。しかし、コルテスの言葉には示唆に富んだ比喩が感じられる。彼らが苦しんでいた心臓《ハート》の病とは、結局のところ、金への飽くなき欲望という心の病だったからだ。

そうした金への執着は、歴史をつうじて人々を愚かな行為へと駆り立ててきた。優れた科学者たちが異口同音にその信用性を疑ったにもかかわらず、彼らは取りつかれたように錬金術を追究した。金への欲望は衰えることなく継続し、錬金術は折に触れて、困窮した者たち（とその窮状につけ込もうとする者たち）の想像力を刺激した。一七世紀後半、ドイツの博物学者のヨハン・ヨアヒム・ベッヒャーは、砂を金に変えられると主張し、オランダ議会を説得して、その装置を組み立てるための頭金まで出させた。表面上、彼が証人たちのまえでその技を披露することに二度成功し、政府から銀を引き出したのは確かだ。しかし、その後、彼は詐欺師としての正体を暴かれ、命からがら逃げ出す羽目になった。[24] ベッヒャーの時代には、錬金術はすでに科学者のあいだで評判が落ちていたが、消滅したわけではなかった。一八九一年のロンドンでは、エドワード・ピンターという名のアメリカ人が「賢者の石」を発見したと主張し、その発見と称するものを使って詐欺を働いた。よくある信用詐欺の手口で、彼は少量の金が三倍に増えたかのように見える小規模な実演装置を使い、人々を説得して大量の金を自分に預けさせた（そのなかには、有名な銀行家一族のロスチャイルド家の人間も含まれていた[25]）。

しかし、この頃までに、金への欲望は新たな局面に向かっていた。一九世紀後半、科学者たちは海水に含まれる金をめぐって、さまざまな説を提議し、議論していた。なかには金を海洋から採取しようと考える者もいたが、金の濃度がきわめて低いことを考えると、採算が取れる方法が見つかるかどうかは疑問だった。そうした科学的発見に触発されて、マーサズ・ヴィンヤード島出身のあるバプティスト派の牧師は、メーン州の辺境にある実際の工場建物を使い、手の込んだ詐欺を働いた。彼は偽の仕掛けを作り、少量の金を隠しておいて、それを新しい抽出法による成果だとして、物見高い見物人たちに披露した。この「海塩電解社 *Electrolytic Marine Salts Company*」の株を買った投資家たちは、彼が自分たちの老後の蓄えを持ち逃げしたと知ったとき、ひどく狼狽した。

こうした災難にもかかわらず、海水から金を採取できるかもしれないという可能性は、二〇世紀に入っても人々の想像力を刺激しつづけ、つぎつぎと発明が行なわれた。イングランド、マルタ、オーストラリアでは金のさまざまな採取計画が打ち出された。オーストラリアの計画では、まず大きなタンクに海水が溜められた。ミネラル分はそのまま沈殿させ、水を抜き取ったあと、残った泥が新たに考案された青化法——現在の採鉱の重要な要素——という金抽出法にかけられた。この計画は詐欺ではなく、真剣な取り組みだったようだが、採取できた金の量はごくわずかで、計画はすぐに破綻した。[26]

こうした試みをめぐっては、科学的な面はもちろん、社会的、倫理的な面からも活発な議論が行なわれた。もし合成の金を安く、簡単に作り出すことができるとしたら、現代の経済社会はどうなるだろうか。一九一二年、フランスの社会学者で熱心な人種差別反対主義者だったジャン・フィノーは、将来的に金の供給が大幅に増加すれば、世界の経済システムは危機にさらされると警告した。

そうした事態の発生は、近代の科学技術――海水からの抽出であれ、新たな金鉱床の発見であれ、合成金の生成であれ――によって、間近に迫っていると彼は感じていた。ニューヨーク・タイムズ紙はこれをわかりやすい言葉で言い換えている――「もし経済的安定の唯一の拠りどころである金が激しい変動にさらされたら、その財産が一定量の金を表すだけの象徴でしかない人々の立場はどうなるのか」。しかし、ポーランド出身の物理学者マリー・キュリーは、同紙のその質問に対して、科学的根拠から反論し、そんなことはまず起こらないのだから、「金の生成が及ぼすかもしれない影響について考えること」は「無益だ」と述べた。[27]

二〇世紀になると、錬金術師たちの夢はついに科学の力で金を作るという段階に達した。一九二〇年代、科学者たちは水銀にヘリウム原子核を照射することによって金を合成したと主張したが、その実験を繰り返すこと――科学的知識を得るための基本――は困難だった。一九四一年、戦争努力の一環として、科学者たちは中性子の照射によって水銀から金の放射性同位体を生み出した。そして一九八〇年、ローレンス・バークレー国立研究所の研究グループ――主任のグレン・シーボーグはノーベル化学賞を受賞し、プルトニウムも発見した――は、核衝突によってビスマスを金の唯一の安定同位体（同じく唯一の天然同位体、一九七Ａｕ）に変えた。しかし、金を合成するためのこれらの方法は、たとえ一部の人々の想像力を刺激することがあったとしても、科学界に大きな影響は与えなかった。これまでのところ、金の合成を有益な方法で実現できたという事実はひとつもない。

第六章　危険な金

世界の神話や文学には、金への欲望が招く危険について警告したものが無数にあるが、神話や歴史はもちろん、現実においても、そうした警告に耳を傾ける者はほとんどいない。紀元一三世紀に編纂された北欧神話集『散文のエッダ *The Prose Edda*』には、金を作れるという魔法の指輪を持つ小人アンドヴァリ（彼は魚に変身することもできる）の物語があり、これにはゲルマンの『ニーベルンゲンの歌』とも類似する部分がある。いたずら好きの神ロキは、魚の姿をしたアンドヴァリを捕まえ、富をもたらす指輪をはじめ、財産のすべてを渡すように要求した。アンドヴァリはしかたなく指輪を差し出したが、その指輪には手に入れた者に破滅が降りかかるという呪いがかかっていた。つねに現実的なロキは指輪を最高神オーディンに手渡し、オーディンはこれを農夫フレイドマルに与えたが、彼はその富のために息子たちに殺された――アンドヴァリの呪いのとおりになったというわけだ。一方、カリフォルニア北部のコロマ族――一八四八年、コロマのサッターズ・ミルで金が発見されたことからカリフォルニア・ゴールドラッシュが始まった――に伝わる口述史によれば、開拓者のサッターは協定を結ぼうとしていたこの部族の首長から、彼が求めている金

右◉竜のファブニール。アンドヴァリの金を手に入れたが、そのために殺された。
『ジークフリートと神々の黄昏 *Siegfried and the Twilight of the Gods*』（一九二四年）における
アーサー・ラッカムの挿し絵

は「それを探す者を破滅させるという悪魔のものだ」と警告された。[1] そうした悪魔の呪いは今も続いているようで、本章では、金への欲望がもたらす破滅的な力をめぐるこうした神話が、現実の世界の人々のあいだで、どのように働いているかを詳しく見ていく。

金の呪いには、ゆがんだユーモア感覚があるようで、神話や小説などでは、欲深さから得をする者はめったにいない。たとえば、紀元一世紀のローマの詩人オウィディウスは、『変身物語』のなかで、ペルセウスの話に独自のエピソードをくわえている。メドゥーサを滅ぼしたばかりのペルセウスは、ひと休みしようと巨人の王アトラスの王国に立ち寄り、そこで自分の父があの有名なゼウス（黄金の雨の彼）であることを口にする。ゼウスの子が魔法の園へスペリデスで育った金のリンゴを盗むという予言を思い出したアトラスは、ペルセウスを殺そうとする。怒ったペルセウスは、見た者を石に変えるというメドゥーサの首を使って巨人のアトラスを石に変え、アトラスは神々によってその双肩に天空を担わされることになる。結局、ペルセウスも金のリンゴを手に入れることなく去り、得をした者は誰もいなかった。[2]

このテーマは、B・トラーヴェンの小説『黄金 *The Treasure of the Sierra Madre*』（一九二七年）のテーマでもあり、これは一九四八年にハンフリー・ボガート主演の映画として脚色され、アカデミー賞を受賞した。物語では、三人の貧しいアメリカ人山師が革命直後のメキシコで金を掘り当てるものの、ひとりが欲望と猜疑心から、仲間に自分の金が奪われるのではないかと考えるようになる。彼は先手を打ってふたりの金を奪うが、アトラスの場合と同じく、その先制攻撃は裏目に出る。結局、彼はその鞍袋の中身が砂金とは知らない山賊に待ち伏せされ、砂金が風に吹き飛ばされるなかで息絶える。フランク・ノリスの小説『死の谷』（石田英二・井上宗次訳、岩波書店、一九五七年）（一八九九年）も、これと同じような調子で終わる。主人公のマクティーグは、宝くじで金貨五〇〇〇ドルを当てて守銭奴となった妻を殺し、メキシコへ逃げようとする。しかし、旧友マーカスによって「死の谷」へ追い込まれ、ふたりはまず残り数滴の水をめぐって争い、つぎに金をめぐって争う。マクティーグはマーカスを倒すが、苦労して手に入れた富は喉の渇きを潤すことはなく、彼は灼熱の砂漠でただ死を待つしかない。この小説は、エリッヒ・フォン・シュトロハイムによって一九二四年に『グリード』として映画化されたが、原版は八時間の長尺で、制作費は六〇万ドル以上（現在の約八〇〇〇万ドル）にのぼった。プロ

兜をかぶったペルセウスが
アトラスにメドゥーサの首を突きつけている。
ケルビーノ・アルベルティ、ポリドーロ・ダ・カラヴァッジオの絵をもとに、
一五七〇年〜一六一五年、版画

デューサーのアーヴィング・タルバーグは、監督のシュトロハイムを企画から外し、フィルムを二時間余りにカットさせた。切り取られたフィルムは、なかに含まれる銀を取り出すために溶かされた。

一方、ときには欲深い主人公が相応の罰を受けたあと、自分の過ちに気づくという場合もある。オウィディウスの『変身物語』に出てくるミダス王の伝説では、ディオニュソスが森の精シレノスに親切にしてくれたお礼として、ミダスに望みをひとつ叶えてやろうと言う。そこでミダスは、触れるものすべてが金に変わる力を求めた。しかし、その恵みはすぐに呪いとなった。触れるとすぐに食べ物や飲み物が金に変わってしまうため、彼は食べることも飲むこともできなくなった。ナサニエル・ホーソンの『ワンダ・ブック――子どものためのギリシア神話』(三宅幾三郎訳、岩波書店、一九五三年)(一八五一年)では、ミダスの娘が金の像に変わってしまう。ミダスは自分の欲深さを悔やみ、ディオニュソスにその恵みを取り消してほしいと懇願する。ディオニュソスの指示によってミダスがパクトーロス川で身を清めると、触れるものすべてが金になるという力が川の水に移り、のちに実在の王クロイソスに莫大な富をもたらした。ミダスは森へ引きこもり、牧神パーンの崇拝者となった。

欲深さと思い上がりから破滅に追い込まれた伝説の王は、ミダスだけではない。紀元一〇世紀から一一世紀に書かれたペルシア語圏の民族叙事詩『シャー・ナーメ(王書)』では、詩人のフェルドウスィーがカイ・カーウースという名の気まぐれな大王の話を伝えている。立派な若者を装った悪霊にけしかけられて、王は自分のために金の玉座を作らせる(200ページの挿し絵を参照)。四隅

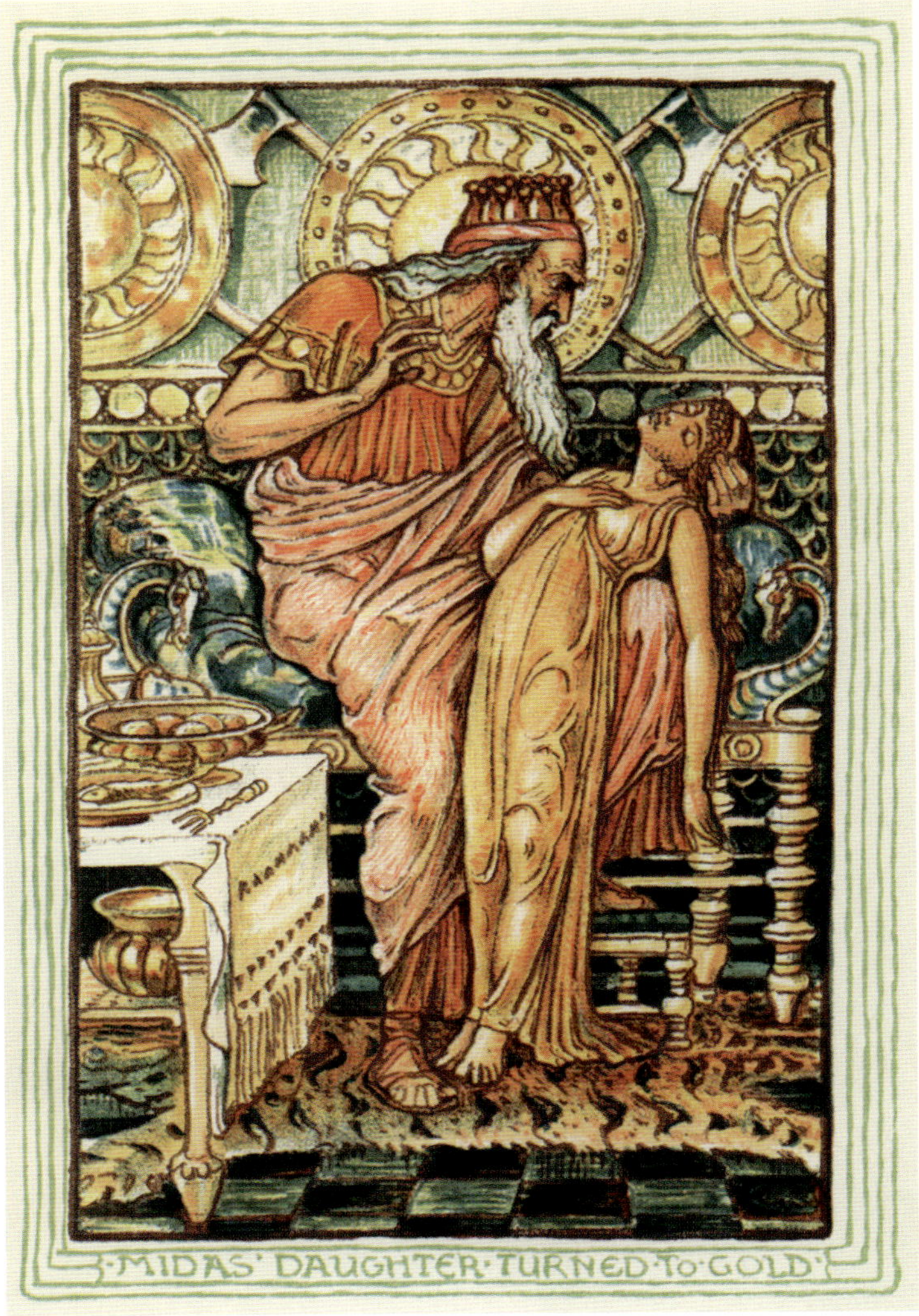

ウォルター・クレーン、「ミダス王とその娘」、
ナサニエル・ホーソンの『ワンダ・ブック――子どものためのギリシア神話』
（一八五一年）より

上◉「天界へ飛ぼうとするカイ・カーウース王」、
『シャー・ナーメ』写本、
イラン、イルハン朝時代、紙に金とインク、不透明水彩絵の具

左◉「ぼろぼろになった男」、
木版画、一八五三年、
カリフォルニアの金採掘に失敗した男の風刺画

に肉の塊が結びつけられたその玉座は、肉に向かって飛ぼうとする四羽の飢えた鷲によって空高く運ばれる。彼の目的は天界へと舞い上がり、その秘密を知ることだった。王ははるばる中国まで飛んでいくが、ワシたちはそこで力尽きる。玉座は墜落するが、カイ・カーウースは奇跡的に生き延び、悔い改める。[3]

　金への欲望がもたらす危険をめぐる神話は、失われた金鉱や埋められた財宝といった伝説の形でも残されている。とくに有名なのが、アリゾナのスーパースティション山地にあるとされる「ロスト・ダッチマン鉱山」である（地質学者はその地帯に金があるとは考えていない）。伝説によれば、一八八〇年代か九〇年代、ジェーコブ・ワルツという名のドイツ人探鉱者が豊かな金脈を発見したが、アパッチ族もしくは強欲な相棒に襲われる（物語には異なるバージョンがいくつもある）。彼は生き延び、この話を少なくともひとりの人物に話したが、残念ながら、彼が残した地図は大ざっぱで、鉱脈の位置を特定できるほど正確ではなかった。たしかに、ジェーコブ・ワルツという名のドイツ系移民は実在し、実際にスーパースティション山地の

"THE USED-UP MAN"—See page 36.

付近で探鉱のようなことをしていたらしい。しかも、彼の墓碑には「ロスト・ダッチマン」と刻まれている（行方不明《ロスト》なのは彼ではなく、彼の金鉱だった）。ただし、これは手がかりにはなっても明らかな証拠にはならない。また、彼は亡くなる二〇年ほどまえに採掘を断念していたが、死に際に失われた金鉱の話をした可能性もある。いずれにせよ、この話は観光客を呼び込むための害のない伝説としては魅力的で、実際、年に数千人が金鉱を求めてこの山地へやって来る。そこまで冒険好きでない人々のためには、ロスト・ダッチマン州立公園もある。しかし、それさえも命取りになるおそれがあり、これまで何人ものトレジャー・ハンターが金鉱を探して命を落とし、なかには変死を遂げた者もいた――一九三〇年代のある冒険家の遺体には、頭に二発の弾痕があった。[4]

『黄金』（一九四八年）の
フランス語の映画ポスター

カナダ南東部のノヴァスコシア沖にあるオーク島も、財宝伝説で知られるが、実際にそこに何があるのかは明らかではない。もっとも有力な説によれば、それは海賊の略奪品で、キャプテン・キッドの失われた財宝ではないかとされている。このことは、一七〇一年に作られた「キャプテン・キッドの海よさらば、もしくは名高き海賊の哀歌 *Captain Kid's Farewell to the Seas, or the Famous Pirate's Lament*」という曲によって広く知られ、それには「金の延べ棒二〇〇本」という歌詞も含まれている。オーク島の財宝については、ほかにもマリー・アントワネットの宝石であるとか、シェークスピアの戯曲を書いたのはじつはフランシス・ベーコンだったことを証明する秘密文書であるとかいった説があるが、いずれももっともらしさに欠ける。この島では、トレジャー・ハンターたちによって「マネー・ピット」と呼ばれる場所が二〇〇年以上もまえから掘りつづけられており、敷石や丸太の層、そして一部の報告によれば、謎の記号が刻まれた石が発見されている。どの試みもそれまでより入念で、多額の費用をかけたものだったが、いずれも掘った穴は海水に埋もれ、トレジャー・ハンターたちは破産という結果に終わっている。それどころか、これまでに少なくとも六件で死者も出ている——すべては存在しないかもしれない財宝のせいである。

現代の「マネー・ピット」と言えるのが、一九九〇年半ばのブリ・エックス金鉱事件だ。ブリ・エックスは、インドネシアに巨大な金鉱床を発見したと主張する採掘会社だった。彼らの株価は急上昇し、その恩恵に預かろうとして投資家たちが殺到したが、ブリ・エックスが鉱石サンプルを金粉で「ごまかして」捏造したことが明らかになると、すべてが崩壊した。会社は一夜にして破綻し、投資家たちは何十億ドルも失った。[5]

金への飽くなき欲望は、数々の強盗事件も生んできた。アメリカ西部の年代史には、覆面をした大胆不敵な男たちが銃を突きつけ、馬車や列車から金を強奪するといった話が山ほどある。これらの多くはわずかな金額を狙ったものだったが、無法者のサム・バスを首領とするブラック・ヒルズ強盗団の事件は大規模なものだった。一八七七年、彼らは新しく鋳造された二〇ドル金貨で約六万ドル（現在の一〇〇万ドル余り）をユニオン・パシフィック鉄道から強奪した。一方、大西洋の反対側では、一八五五年の金塊強奪事件において、同じく大胆不敵な強盗団が厳重に守られた列車の積み荷から金塊九一キログラムを奪った。犯行グループには守衛や鉄道員も含まれており、彼らは金塊が入った金庫の合い鍵を手に入れたうえ、重さの違いに気づかれないよう金塊のかわりに散弾を入れておいた。にもかかわらず、彼らは捕まった。[6]

これよりさらに世間を騒がせたのが、一九八三年のブリンクス・マット強盗事件で、アメリカの警備輸送会社ブリンクスの現金保管倉庫へ強盗に入ろうとしていた犯行グループは、そこで二六〇〇万ポンドもの金塊を発見した。事件はすぐに当局の知るところとなったが、ほとんどの大強盗事件がそうであるように、この事件も内部の者による犯行で、奪われた金はいまだに回収されていない。一九八四年には一味の首謀者が懲役二五年の判決を受け、一九九五年には最高裁から失われた二六〇〇万ポンドの返済を命じられたが、二〇〇〇年に釈放された。警察はその金の大部分が溶解されたと考えており、「一九八三年以降にイギリスで買われた金のジュエリーは、ブリンクス・マットの金によるものだとも言われている」[7]。また、奪われた金は呪われた金と信じられるようにもなった。というのも、この重大事件をめぐって二〇人の命が失われており、一味のメンバーとされる容疑者の未解決殺人事件が数件と、この事件を捜査していた警官の刺殺事件があった。もっとも有名なのが、一九六三年の悪名高き大列車強盗事件の犯人のひとりだったチャーリー・ウィルソンで、彼はブリンクス・マットから奪った金のロンダリングに関わっていた。彼は一九九〇年、飼い犬のシェパードとともに、見知らぬ殺し屋によってスペインの自宅のそとで射殺された。[8]

奴隷、戦争、金鉱採掘による環境破壊

こうした金鉱熱による悲劇はほとんどが小規模で、その影響が及んだのはごく一部の者だった（少なくとも身体的には）。しかし、金採掘の現実はこんなものではない。金を洗い出すだけのパンニングを超えたレベルの金採掘は、環境に大きなダメージを与える。また、地下深くにある鉱脈に達するには膨大な人員が必要で、採掘会社によっては、従業員の安全管理が不十分な場合もある。採鉱、とくに坑内採鉱は、危険で汚い仕事である。アメリカ労働統計局の警告によれば、厳しく管理された現代の状況下でさえ、「崩落や坑内火災、爆発、あるいは有害ガスへの暴露といった特有の危険が潜んでいる。さらに、鉱床の掘削で出る粉塵によって、鉱山労働者は依然としてふたつの深刻な肺病にかかるリスクがある。ひとつは「黒肺症」とも呼ばれる炭塵による塵肺で、もうひとつは岩粉による珪肺である」。管理が不十分な状況では、事態がさらに悪化するおそれもある。[9]

採鉱の苦難を伝える最古の文書のひとつが、紀元前一世紀のギリシアの歴史家、シケリアのディオドロスによるものだ。四〇巻からなる『歴史叢書』のなかで、彼はプトレマイオス朝エジプトのヌビアの金鉱で働く奴隷たちの悲惨な様子をこう記している。

こうして有罪と宣告された者たち——その数は膨大で、いずれも鎖につながれている——は、昼夜を問わず、休みなく、ひたすら作業を続けている。（中略）例外なく、誰もが暴行を受けながら労働を強いられ、酷使された挙げ句、拷問の苦しみのなかで死ぬ。それゆえ、この哀れな者たちは過酷な罰から将来を悲観し、生よりも死のほうが望ましいと考え、それを待ち望んでいる。[10]

金の採掘に奴隷を使うことは珍しくなかった。一七七〇年代、日本の徳川幕府は、無宿人たちを佐渡の金山へ水替人足《みずかえにんそく》として強制連行した。

一八八六年には、現在の南アフリカ

（見えざる）王に金塊や金の輪を捧げるヌビア人が描かれた墓の壁画の一部、紀元前一四〇〇年頃

歌川広重、『佐渡金山』、一八五三年九月、浮世絵

にあるトランスヴァールのウィットウォーターズランドで巨大な金鉱が発見され、それをきっかけに何十年にもわたる紛争が始まった。この地域はひどく独立心の強いブール人（農民を意味するオランダ語に由来）の植民地で、彼らはオランダ系移民をはじめ、ヨーロッパでの宗教的迫害を逃れてきたフランスのユグノーやカルヴァン主義者が合わさった民族集団だった。ブール人は、その新たな金鉱を採掘するだけの人手がなかったため、しかたなく「部外者」――そのほとんどはイギリス人鉱夫――を雇い入れた。部外者たちはすぐにブール人を数で圧倒し、政治的・経済的権利を要求するようになった。ブール人はしぶしぶこれを認めたが、それは一九世紀初めにイギリスの支配を逃れて設立した国家の統治が難しくなっていたからだ。ブール人政府の転覆を図ったイギリス側の企みが一八九五年に失敗し、一八九九年に交渉も決裂すると、ブール人はトランスヴァールの国境地帯に集結していたイギリス軍の撤退を要求した。一方、イギリス政府はトランスヴァールのイギリス系移民に即刻、完全な市民権を認めるように要求した。そしてついに両国のあいだで戦争が勃発し、流血の戦いによって多くの命が犠牲となった。劣勢に立たされたブール軍は圧倒的な規模を誇るイギリス軍にゲリラ戦術で抵抗したが、キッチナー将軍率いるイギリス軍はこれに焦土作戦で応じ、ブール人の農場を焼き払い、民間人を強制収容所へ送った――そこでは二万五〇〇〇人以上のアフリカーナの女性や子供が病気や栄養失調で命を落とした。[11]

また、一九〇四年から一九〇七年にかけて、約六万四〇〇〇人の中国人が鉱山で働くため、三年間の契約移民としてトランスヴァールの金鉱へやって来た。いまだ戦争の打撃から立ち直れず、衰退しつつあった採掘産業を活性化させるためだったが、その試みは短命に終わった。一九一〇年までに、こうした契約移民はひとり残らず本国へ帰された。しかし、この短期間に、彼らは劣悪な生活環境や労働環境（一日一〇時間も地下で働くなど）、白人鉱山所有者からの身体的虐待、そして中国人鉱山警察による卑劣な扱いに苦しめられた。とくに鉱山警察は、表向きは治安維持のための組織だったが、じつはアヘンの取引をはじめ、売春組織や賭博組織を運営していたほか、不運な債務者を殺したり、自殺に追いやったりしていた。[12]

一八四八年のカリフォルニア・ゴールドラッシュは、にわか景気のお祭り騒ぎとして、民衆のあいだでその後も続いた。野心的でたくましい白人の男たちが、「マニフェスト・デスティニー」――西部開拓によって領土を拡張することがアメリカの使命とする考え方――のもと、過酷な運命や自然に立ち向かった。マーク・トウェインやブレット・ハートといったアメリカの小説家によるおなじみの物語では、みすぼらしい採鉱キャンプがロマンティックに描かれたり、勇敢で独立心の強い鉱夫が民衆の英雄にされたりしたが、彼らの手による金の大部分は採掘会社に搾取された。そして比較的最近まで、歴史家の多くがこれを空前の人口大移動であり、歴史的イベントであるとして美化しながらも、その結末については触れようとしなかった。なかには裕福になった者もいたが、ほとんどの人々の現実はずっと厳しく、貧しく、乱暴なものだった。

一八四九年に金を求めてカリフォルニアへ向かった「フォーティー・ナイナーズ」では、一二人にひとりが金鉱へ向かう途中で命を落としたが、現地やそこから帰る途中で死ぬ者もいた。そうした死は病気や事故、あるいは暴力によるものだった。人口のほとんどが武装した男たちという環境では、殺人率が住民一〇万人あたり五〇〇人という高さで、これは現在のアメリカの殺人率の約一〇〇倍に相当する。ある医師の観察によれば、一八五一年から一八五三年にカリフォルニアへやって来た人々のうち、五分の一が到着して六週間以内に死んだ。警察や裁判所がなかったため、自分たちの手で法を執行しようとする自警主義が幅を利かせ、一八四九年から一八五三年のあいだに、金鉱では二〇〇件以上のリンチ事件があった。[13]

あらゆる人種からなる鉱山労働者はさまざまな困難に直面したが、とくに白人でない鉱夫たちは白人よりもずっと過酷な状況にあった。アメリカ以外で生まれた鉱夫たちは働くために不当に高い税金を払わなければならず、たとえ払っても暴力を免れるわけではなかった。メキシコ人鉱夫たちは殴られたり、所有物を奪われたりし、ある採鉱キャンプでは一六人のチリ人鉱夫が捏造された容疑で処刑された。中国人鉱夫たちは刑事裁判や民事裁判で白人に不利な証言をすることを禁じられ、払い下げ請求地から強制退去させられたり、ときには殺されたりした。カリフォルニア州議会の委員会は一八六二年、「この州の中国人住民に対して不当かつ不適切な制度が大規模に行なわれてきたことは周知の事実であり、このことは地球上のどんなに野蛮な国家にとっても恥である」と認めた。[14]

しかし、白人からもっともひどい仕打ちを受けたのはアメリカ先住民で、その数は一八四四年には カリフォルニアで約一二万人だったが、一八七〇年までに三万人ほどに激減した（一方で、ゴールドラッシュの最初の一〇年間に、白人の人口は二〇〇〇パーセントも急増した）。アメリカ先住民は病気や暴力、飢えによって命を落としたが、それは代々受け継がれてきた彼らの土地が白人のハンターや農民によって侵略されたからである。先住民は完全に無視されていた――一八四八年

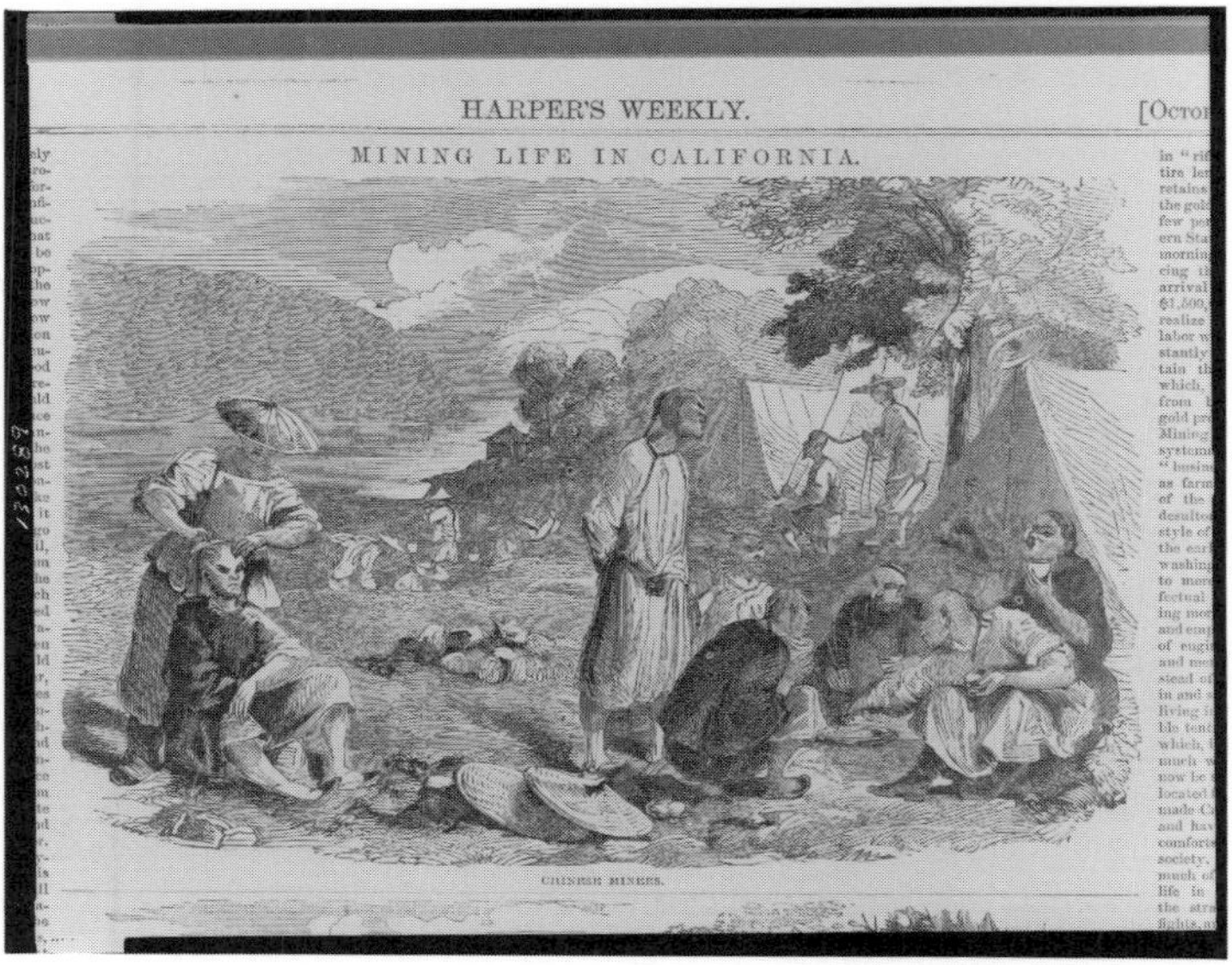

上◉カリフォルニア・ゴールドラッシュの「実態 *Things as they Are*」を描いた絵、一八四九年、ヘンリー・セレルとS・リー・パーキンズ、網目紙にリトグラフ
下◉『カリフォルニアの採鉱生活——中国人鉱夫たち *Mining Life in California—Chinese Miners*』、ハーパーズ・ウィークリー誌より、一／四〇（一八五七年一〇月三日）、六三二ページ

一月にサッターズ・ミルで最初の金塊を発見し、ゴールドラッシュを引き起こしたのも、本当はマイドゥ族の労働者で、彼らの白人監督ではなかったと思われる。カリフォルニア北部のウィントゥ族がわずか三年のあいだに白人移民から受けた苦しみは、ゴールドラッシュ時代に先住民がいかに悲惨な体験をしたかを物語っている。一八五〇年、白人たちは「友好の宴」を催して彼らに毒を盛り、一〇〇人のウィントゥ人の命を奪った。一八五一年には、鉱夫たちがウィントゥの公営住宅を焼き払って三〇〇人の命を奪い、一八五二年のブリッジ・ガルチの虐殺では、白人がウィントゥ族の野営地を襲い、一七五人を殺した。初代カリフォルニア州知事のピーター・バーネットは、カリフォルニアの多くの白人住民の意見を反映して、「インディアンの種族が死に絶えるまで、人種間での撲滅の戦いは続くだろう」と述べた。[15] 歴史家のロバート・ハインとジョン・ファラガーによれば、こうした撲滅政策は、「アメリカの辺境の歴史において、もっとも明らかな大量殺戮事件だった」。[16] だが、こうしたことはゴールドラッシュにはよくあることだった。オーストラリアのヴィクトリアやニューサウスウェールズで金が発見されると、その後一〇年間で、白人の人口は四〇〇パーセント以上も増加したのに対し、先住民の人口はそれまでの半分以下に減少した。[17]

カリフォルニア州は奴隷制を違法としていたが、一八五〇年の「インディアン管理・保護法」のもと、何千人ものアメリカ先住民が事実上の奴隷にされていた。この法令では、白人の雇用主は、有罪判決を受けた先住民を働き手として貸借したり、借金で首がまわらなくなった先住民を年季奉公させたり、先住民の子供を誘拐して自宅で「見習い」として搾取し、彼らが二〇代後半になるまで合法的に拘束したりすることができた。やがて、男ばかりで女性や子供が足りなかったゴールドラッシュの現場では、それを補うために違法な奴隷売買が行なわれるようになり、先住民の子供が召使いや農場労働者として働かされた。[18]

北米のほかの地域の先住民たちも、金を求める白人の手にかかって苦しんだ。一八六八年、連邦政府はグレート・プレーンズのシャイアン族やスー族とララミー砦条約を結び、サウスダコタのブラック・ヒルズ一帯をラコタ族（スー族）が所有することを認めた。しかし、ジョージ・アームストロング・カスター将軍の探索によってそこに巨大な金鉱が見つかると、ユリシーズ・S・グラント大統領はこの条約を反故にした。白人の鉱夫たちがブラック・ヒルズへ押し寄せ、必然的にラコタ族と衝突するようになると、連邦政府はその土地を買い取ろうとした。そしてそれが失敗に終わ

H・スタインエッガー、S・H・レドモンドの絵をもとに、
『カスター将軍の死闘：リトル・ビッグホーンの戦い *General Custer's Death Struggle: The Battle of the Little Big Horn*』、一八七八年、紙にリトグラフ

ると、政府は軍事力に訴えた。この戦争でもっとも有名なのがリトル・ビッグホーンの戦いで、シッティング・ブルやクレージー・ホース率いるラコタ族、北シャイアン族、アラパホ族の連合が、カスター将軍と第七騎兵隊を壊滅させた。しかし、その勝利はつかの間で、結局、ブラック・ヒルズは連邦政府に掌握された[19]。

ゴールドラッシュは何年にも、何世紀にもわたって自然環境を荒廃させてきた。カリフォルニアでは、数十万もの人々が流入した結果、自然地域が荒らされ、ハイイログマやゴールデン・ビーバー、テュールワピチ、プロングホーンといった多くの種が絶滅の危機にさらされた。鉱夫たちの食料源となった家畜の牛や羊はあっという間に何百万頭にも増え、野草を食い尽くし、広大な草地を丸裸にした（これは採鉱の典型的な事例で、ガーナ西部の最近の研究によれば、露天掘りによって森林の約六〇パーセントと農地の約半分が失われた）[20]。

一八六〇年以降は、大手採掘会社が水力採鉱を始めたことにより、山の斜面がすべて押し流された。その結果、残った泥や土石が下流へ流され、川をふさいだり、大規模な氾濫を引き起こしたりした。とくに一八六二年に起きた洪水は、サクラメントにある州議会議事堂の構内を水浸しにした。にもかかわらず、カリフォルニアで水力採鉱が禁止されたのは一八八四年になってからのことで、これは採掘会社によるロビー活動の影響の強さを物語っている。

こうした自然破壊は、水力採鉱が行なわれなくなっても終わらなかった。カリフォルニア・ゴールドラッシュの金採掘にともなって、三六三〇万キログラムもの水銀が環境に取り込まれ、今でも周辺の川や湖の魚は安心して食べることができない。それでも水銀は世界中の金鉱技師たちのあいだで広く使われており、継続的な健康問題を引き起こしている。たとえば、アマゾン川流域の小規模なゴールドラッシュでは、水銀の使用によって、適切な安全装置がないまま水銀蒸気を吸い込んだ鉱夫たちのほか、汚染された川の魚を食べた先住民のあいだでも水銀中毒が生じている。水銀は、子供たちの認知力や神経の発達障害とも関連がある。不法採掘で悪名高いペルーのある地区の現地住民を対象とした最近の調査によれば、同地区の子供たちから安全とされるレベルより三倍も高い水銀値が検出された。二〇一三年、水銀の使用を国際的に制限するため、一四〇か国が「水銀に関する水俣条約」に署名した。この条約は、水銀鉱山の新規開発や、水銀を含む電池などの電気器具の製造を禁じているが、小規模な金採掘における水銀の使用は禁じていない。

ただし、すべてのゴールドラッシュがこうした恐ろしい結果を招いたわけではない。一九三〇年代の大恐慌のときに生じた「自動車ゴールドラッシュ」――困窮した人々が車で移動しながら金を採集した――では、金を求める素人鉱夫たちが、約一〇〇年前のカリフォルニア・ゴールドラッシュの時代に掘り尽くされた地域でふたたび金の採集を行なった。連邦政府はこうした活動を奨励し、素人を対象に基本的な金のパンニング装置の組み立て方や動かし方を教えるパンフレットを発行した。そしてパンの配給の列に並んで待つよりも、荒野で自然のままの生活をするほうが人々にとっては好ましいとして、これを正当化した。[21] しかし、不幸をともなわないゴールドラッシュは例外中の例外である。

覚えておかなければならないのは、ゴールドラッシュは過去のものではないということだ。金相場の上昇が続けば、未開発の新たな金鉱の探索も続く。すぐに下火になるような小規模のゴールドラッシュでさえ、人間や環境に害を及ぼす可能性がある。二〇〇七年、ブラジルのある数学教師が自身のホームページに、アプイという町の鉱夫たちが地表の金を両手ですくっている様子を掲載した。すると数週間もしないうちに、金を求めて何千人もの人々が押し寄せ、にわか景気に沸く町「エルドラド・ド・ジュマ」が誕生した。そこでは酒場の店主や金物商のほうが鉱夫たちより儲けたが、思いがけなく大金をつかむ者もいた。なかには二週間余りで一万九〇〇〇ドル分の金を集めた年配の鉱夫もいた。しかし、ほとんどのゴールドラッシュがそうであるように、鉱夫たちの多くは失望して――あるいは、その地域で復活したマラリアにかかって――去っていった。[22]

水銀は（ほとんどの場合で）違法とされているが、産業採鉱で使われるほかの化学薬品も、環境やそこに住む人々に破壊をもたらすおそれがある。二〇〇〇年一月三〇日、ルーマニアのバイア・マーレにあるアウルル鉱山で、約一〇万立方メートルの廃水がダムを突き破ってソメシュ川へ流れ込んだ。その水は推定一〇〇トンのシアン化物で汚染されていた。これは低品位鉱石から金を抽出するために用いられる金シアン化法と呼ばれる工程の副産物である。汚染水はハンガリーのティサ川、そこからドナウ川、そして黒海へと三〇〇〇キロメートル以上も流れを下り、二五〇〇万人の飲用水を汚染し、一四〇〇トン以上の魚を死なせた。

アウルル鉱山の操業は一年足らずだったが、バイア・マーレでの金採掘は二〇〇〇年以上も昔――ローマ時代――から行なわれてきた。しかし、その地域がどうしようもないほど汚染されるようになったのは、二〇世紀に入ってからのことだ。ＷＨＯ（世界保健機関）の報告によれば、一部の成人住民は鉛レベルが安全とされるレベルの二倍以上高く、なかには鉛レベルが六倍も高い子供もいる。バイア・マーレを流れるサザール川は、すでに「死んだ川」として知られ、砒素レベルや鉛レベルが許容値の何百倍も高い。[23]

こうした環境問題や健康問題は、当初から金鉱産業を悩ませてきたが、一九六〇年代にシアン化物によるヒープ・リーチングという工程が導入されたことにより、環境へのリスクはさらに高まった。この工程では、まず砕いた低品位鉱石を堆積し、これにシアン化溶液を散布する。するとシアン化物が鉱石中の金と結合し、金が水に溶け出される。堆積の底に集まったこの浸出液を回収し、いくつかある化学的プロセスのひとつによって金が取り出される。結婚指輪ひとつ分の金を抽出するために、二〇トンもの廃棄物が生み出されるという。

こうした廃棄物は、沈殿池（鉱滓《こうさい》ダム）や、洞窟などの自然の場所に保管されるが、悲惨なほど漏出がよく起こる。一九九五年のガイアナ共和国でのダム決壊では、シアン化物に汚染された二五億リットルもの水が、同国の主要河川であるエセキボ川へ流出した。一九九六年のフィリピンでの坑道崩落事故では、二六キロメートルにわたる川が、シアン化物、カドミウム、鉛、水銀を含む汚泥四〇〇万トンに埋め尽くされた。パプア・ニューギニアでは、あるアメリカの企業がパイプをとおして深海溝に尾鉱《びこう》——選鉱によって有用な鉱物を採取したあとの低品位鉱石——を投棄していたが、そのパイプが一九九七年七月に破損した。パイプが破損していないときでさえ、海には何億トンもの廃棄物が流され、周囲の生き物を窒息死させている。[24]

シアン化法を禁止する取り組みはほとんどが失敗に終わっているが、いくつか例外もある。一九九八年、アメリカのモンタナ州では有権者の提案による禁止法が可決され、州の最高裁にも支持された。しかし、コロラド州のいくつかの郡とサウスダコタ州のある町では、有権者が同様の禁止措置を求めたものの、残念ながら、裁判所ではそうした措置が州法、連邦法にそれぞれ違反すると判断された。EU（ヨーロッパ連合）のような広域組織では、シアン化法は完全に禁じられることはなかったが、チェコ共和国やコスタリカといった個々の国々では非合法化されている。[25]

では、なぜ金シアン化法は依然として用いられているのだろうか。それはたしかに危険ではあるが、鉱石から金を抽出する方法として一般的だった従来の水銀にくらべれば、まだ安全だからである。しかも、シアン化法は、これまで知られているなかでもっとも安価で、もっとも効率的でもある。

一方、ときには意外な場所から新たな希望が湧いてくるもので、イリノイ州エヴァンストンにあるノースウェスタン大学の化学実験室の試験管がそれだ。二〇一三年、博士研究員のジチャン・リュウは、金塩の溶液とα‐シクロデキストリン（コーンスターチ由来）の溶液を混ぜ合わせたところ、シアン化物よりも効率よく、そして毒性も少ない状態で金が分離されたことを発見して驚いた。この原稿を書いている時点で、彼の研究チームは、スコットランドの化学者フレーザー・ストッダート卿をそのリーダーとして、金を合金くずから安全に分離するための実用的システムの開発に取り組んでいる。[26]

二一世紀初めの危険な金

ここ数十年、金の価格はいくつかの関連する理由から急騰しつづけている。新たに市場に入ってくる金はそれほど多くないため、限られた供給に対して少しでも需要が増せば、価格は高騰することになる。二〇〇八年に生じた世界的金融危機のような不況では、投資家たちはたとえ通貨の価値が下がっても、金の価値は変わらないと考えて金を頼る。また、中国やインドのように経済が急激に発展すると、より多くの人々がより多くの資金を投資するようになる。インドは金にきわめて高い輸入税を課すことにより、金の輸入を厳しく取り締まろうとしてきたが、これは密輸の増加を招いただけだった——機内のトイレで一一〇万ドル分の金が発見されたり、ブラジャーに四六七グラムの金を隠し持っていた旅行者が捕まったりするなど、最近の驚くべき事件につながった。

グレン・ベックやシーン・ハンニティーといったアメリカの保守派のコメンテーターたちも、この数年、視聴者に金への投資を熱心に勧めてきた。ベックの選んだ投資の対象は、米金取引大手のゴールドライン・インターナショナルが販売するアンティーク金貨で、同社は偶然にも彼が司会を務める番組のスポンサーのひとつだった。二〇一二年、ゴールドライン社はカリフォルニア州の裁判所から、詐欺の被害を受けた顧客に四五〇万ドルを返金するように命じられた——彼らは金地金に対する金貨の相対的価値を誤解させられていた。[27]

金相場に手を出すことは、投資家を裕福にする場合もあるが、その逆の結果を招くこともある。一九九七年から二〇〇七年にかけて、イギリスの財務大臣（でのちに首相となった）ゴードン・ブラウンは、金の価格が過去最低水準にあった当時、イギリスの金準備高の半分以上を売却して不評を買った。価格が急騰すると、ブラウンはイギリスに何十億ポンドも「損をさせた」として非難された。たしかに、現在の金相場は彼がそれを売った当時より何十億も高い価値があり、結果論としてブラウンを批判するのは簡単だ。しかし、事情はそれほど単純ではない。イギリスがその金の売却益をもって投資した有価証券は、金ほどではないにしろ、今ではかなりの価値がある。また、ブラウンがそうしたのはある銀行の破綻を回避するためだったという噂もあり、だとすれば彼の判断は正しかったかもしれない。フィナンシャル・タイムズ紙のアラン・ビーティーはこう書いている――「投機家たちが望むなら、いくらでも金に賭けさせればいい。富裕国の多くの政府にとって、金の保有はほとんど無益な行為でしかない」。彼は政府が相場、とくに金相場のような変動の激しい相場に手を出すことを期待するのは愚かだとしている。この議論は今後も激しく続きそうだ。[28]

金の需要の高まりは、実際にさまざまな影響を及ぼす。これがとくに顕著なのが、ペルー、パプア・ニューギニア、コンゴ民主共和国の三か国で、金への欲望が二一世紀において人間や環境にどんな代償を強いているかがよく表れている。

ペルーのマードレ・デ・ディオス県では、二〇〇〇年にゴールドラッシュが始まって以来、違法な金採掘によってアマゾンの森林の四万ヘクタール以上が破壊されてきた。この地域には推定三万人の違法採掘者がおり、多くの場合、彼らがここへやって来たのは、採掘や採掘者へのサービスの提供が家族を養うための唯一の手段だからである。アメリカを拠点とするある研究グループによれば、そこでは強制労働や児童労働のほか、労働者の健康や安全が無視されたり、少女たちが売春目的で取引されたりする事件が報告されている。[29]

パプア・ニューギニアのポルゲラ金鉱では、年間六〇〇〇万トンの廃棄物がポルゲラ川へ捨てられ、中進国なら違法とされるような大量の重金属が下流へ流されている。一九九〇年に鉱山が開かれて以来、五万人以上の人々がこの地域へ押し寄せたが、そのほとんどは尾鉱をあさってわずかな金を見つけるためである。さらに、地元住民によれば、こうした「違法」採掘者たちは何年も前から鉱山の保安要員に殺されたり、暴行されたりしているという。

二〇〇六年にカナダの産金大手バリック・ゴールドがその鉱山を買い取ったが、状況は少しも変わらなかった。国際的人権団体のヒューマン・ライツ・ウォッチは、バリックの保安部隊を違法採掘者に対する常習的集団レイプの容疑で告訴し、その容疑はハーヴァード大学やニューヨーク大学、国際連合の調査チームによって事実と裏づけられた。ところが、二〇一〇年一〇月にハーヴァード大とニューヨーク大のチームが同様の調査結果をカナダ政府に提示したにもかかわらず、庶民院は複数の金採掘会社から激しい圧力を受け、カナダ企業

バリック社の年次総会会場のそとで抗議する人々、トロント、二〇〇八年

の海外での人権侵害を少しは監視できたはずの法律を可決しなかった。バリック側はそうした強制わいせつ行為を防ぐための措置を講じたが、つい最近の二〇一三年一二月、民間の保安部隊と政府の警官隊によって四人の地元住民が殺され、暴動が起きた。[30]

コンゴ民主共和国の状況はさらに深刻だ。一九九八年の第二次コンゴ戦争では、暴力や飢え、あるいは厳しい気候にさらされたことによる衰弱、そして医療支援の不足によって、三五〇万人の命が失われた。これはルワンダ、ウガンダ両国の軍部が一九九六年に就任させたコンゴ人独裁者に対して、新たに戦闘を開始したことによって始まった。二〇〇二年の一連の和平協定によって戦闘のほとんどは終結したが、世界最大級の金鉱がある北東部のイトゥリ州では激しい紛争が続いた。大規模な虐殺は日常的で、ＢＢＣの推定によれば、一九九八年から二〇〇六年までにイトゥリ州だけで六万人以上が殺戮された。

紛争を増幅させたのは、現地の民族対立だけではなかった。豊かな金鉱を求める多国籍企業が、戦争犯罪や人権侵害の前科をもつ武装グループと交渉をもった。企業側はそうした民兵組織に資金援助や後方支援を提供し、民兵側は金へのアクセスを提供した。これをきっかけに、戦争で荒廃した地域で産出される「紛争金」の輸送ルートが築かれ、そこから何百万ドルにも相当するコンゴの金がウガンダを経由してヨーロッパの精錬所へ送られている。こうしたヨーロッパの企業は、彼らが金の出所を調査しなければ、戦犯たちがコンゴの人々を搾取しつづけるという現実から目を背け、これを無視しようとしている。[31]

一方、富裕国では、金採掘による弊害を減らすための措置が講じられている。二〇一三年、スイス当局は、同国の精錬会社アルゴー＝ヘレウスが二〇〇四年と二〇〇五年、コンゴの武装グループを出所とする鉱石三トンを処理したとして、犯罪捜査に着手した。アメリカでは、二〇一〇年に成立した「ドッド＝フランク・ウォール街改革および消費者保護法」により、対象企業はコンゴとその周辺国で産出された紛争鉱物の使用について公に開示する義務を負い、期限の二〇一六年までに、紛争鉱物のサプライ・チェーンについて徹底した調査と第三者機関による監査を行なわなければならない。また、採掘企業は各国政府やNGO、産業界が提起した「安全と人権に関する自主原則」を支持することで、業務の安全を維持し、人権を守り、基本的自由を尊重するための指針を得ることができる。

また、二〇〇五年以降、四〇〇社を超える宝飾関連企業が、アースワークスやオックスファムといった活動家グループの圧力により、環境破壊や人権侵害に関与した企業からは金を買わないと宣言している。この「責任ある宝飾のための協議会」のメンバーは、自社の金の出所をたどることを約束している。しかし、この約束はあくまでも任意であり、たとえ企業が守らなくても強制力はない。そのため、コンプライアンスは最低限にとどまるとの批判も出ている。

企業に自社の金の出所についてもっと責任をもたせるには、世論がもっとも効果的な手段になるかもしれない。世界的なコンサルティング企業であるプライスウォーターハウスクーパースは、二〇一三年七月、約七〇〇社を対象に新たなドッド＝フランク法を順守するための取り組みについて調査した。その結果、対象となった企業の大部分が、法律を順守しなければ、収益に悪影響が出る――顧客の喪失やボイコット、ブランド・イメージの低下など――と懸念していることがわかった。[32]

しかし、業界団体や政府、NGOによるこうした取り組みは、いずれも問題の核心を突いていない。つまり、金の採掘は本質的に環境や採掘作業を行なう人々にとって有害で、一部の人間が高値で金を買おうとするかぎり、より多くの金を掘り出すための汚い仕事はなくならない。

本書の最初の章で取り上げたように、人類が初めて金を利用したのは、それを身につけることによってだった。私たちは何千年も昔から金と関わり、その用途をいくつも見つけてきたにもかかわらず、毎年採掘される金の大部分は装飾品に使われている。実際、産業に必要とされる金のすべては、不要なジュエリーや使わなくなった電子機器を再利用することによって調達できるのではないかとする意見もある。つまり、環境破壊や人命の犠牲といった代償を本質的に招いているのは、金を身につけたいという私たちの飽くなき欲望なのである。ペルーを拠点に活動するジャーナリストのステファニー・ボイドは、先のマードレ・デ・ディオスの現状に対して、ニューヨーカー誌にこう書いている――「もし金を得るための代償が環境破壊や十代の売春や強制労働という現実なら、金の結婚指輪は愛と信頼のシンボルでも何でもない[33]」。

【謝辞】

研究助手のケート・アギーレとアンナ＝クレア・スティンブリングのふたりは、長期にわたってこのプロジェクトに取り組み、その完成に多大な貢献をしてくれた。同じくアレックス・マラチーニとナンシー・セバウトも優れた研究支援をしてくれた。また、専門的な助言をくれたスザンヌ・プレストン・ブリア、クローディア・ブリッテナム、ジュリア・コーエン、ホリー・エドワーズ、ウィリアム・エッター、ロバート・S・ネルソン、そしてブライアン・ロビンソンにも、この場を借りて謝意を表したい。本書のために手際よく画像を提供してくれた多くの権利者の方々にもお礼を述べたい。そしてウィリアムズ大学とその美術史の大学院課程、ウィリアムズ大学図書館とクラーク美術館図書館にも、本書の執筆にあたって快適な環境と豊富な資料を提供してくれたことに感謝したい。

最後に、本書の完成に余計な時間がかかったのは、二〇一二年にジェシー・オリヴァー・ゾラック＝フィリップスが私たちの新しい家族となり、何度もうれしい邪魔が入ったためである。息子が金よりも平和と正義が重んじられる世界で成長することを願って、本書を彼に捧げる。


【図版謝辞の冒頭四行】

本書の著者および発行者は、画像資料とそれを複製する許可を提供してくれた下記の組織に謝意を表したい（紙面の都合上、キャプションに記載されなかった情報も含まれる）。

訳者あとがき

本書は、英国のReaktion Booksから刊行されているThe Earth Seriesの一冊で、二〇一六年に出版された*Gold : Nature and Culture*の翻訳である。著者のレベッカ・ゾラックは、米国イリノイ州のノースウェスタン大学で美術史の教授を務める人物で、本書ではアートはもちろん、宗教や科学といったあらゆる視点から、金と人間の歴史を紹介している。

そもそも、金とは数十億年前に地球へ飛来した隕石によってもたらされた鉱物のひとつだ。しかし、人間はこの金に特別な価値と精神性を認め、これをさまざまに利用し、追い求め、ときには行き過ぎた欲望によって破滅を招いてきた。皆さんはギリシア神話に出てくるミダス王の伝説をご存じだろうか。あるとき、酒の神ディオニュソスの従者（もしくは教師）で半人半馬のシレノスが酔いつぶれていたところ、ミダス王がこれを介抱し、手厚くもてなした。ディオニュソスはその礼として、ミダス王の望みを何でもひとつ叶えようと申し出る。そこで王は、触れるものすべてが金に変わるという力を求め、それを授かるが……。

ところで、金と言えば、オリンピックの金メダルを思い浮かべる方も多いだろう。金はまさに金属の王様であり、その輝きは世界一の勝者の胸を飾るにふさわしい。実際、金と人間の最初の出会いは装飾にあった。柔らかい金は加工がしやすく、古くから精巧な金細工が数多く生み出されてきたが、その歴史は死者を飾る副葬品として始まった。紀元前四六〇〇年頃にさかのぼるルーマニアのヴァルナ共同墓地からは、指輪やイヤリング、ネックレスなど、さまざまな金の装身具が見つかっている。また、こうした身につけるための金にくわえて、貨幣としての金も重要な用途だった。ローマやエジプト、中国など、世界各地でさまざまな形の硬貨が鋳造され、国家建設において重要な役割を果たした。

しかし、とくに宗教において、金はつねに矛盾した位置づけにあった。たとえば、旧約聖書では、モーセが「金の子牛」を崇めるイスラエルの民に憤慨した一方、ソロモン王はエルサレムにまばゆいばかりの金の神殿を建設した。中世ヨーロッパでは、清貧がよしとされる信仰の場で、聖書の写本に豪華な金の彩飾が施され、聖人の遺物が金で覆われ、教会が金のモザイクや金のタペストリーで飾られた。仏教においても、煩悩を断ち切り、無我の境地に達した仏陀の像に、人々は金箔を張って得を積もうとする。つまり、金は虚飾の象徴として非難され、蔑まれた一方、その独特の輝きと永遠性は神の象徴として尊ばれもしてきた。

このように魅惑的な美しさをもつ金は、歴史をつうじて人々の欲望を駆り立ててきた。やがてそれは金を人工的に作り出そうとする錬金術を生み、錬金術師たちは卑金属を金に変え、不老不死の霊薬をもたらすという「賢者の石」を求めて、飽くなき探究を重ねた。結局、錬金術は実現しなかったが、人々の金への欲望はますます高まっているようだ。近年、金の需要は世界的に拡大し、しかもその需要の大半は、ジュエリーなどの装飾品と金融投資だという。だが、そうした金への欲望が、金の採掘にともなう不法労働や環境破壊をさらにエスカレートさせるという現実を、けっして忘れてはならない。冒頭のミダス王は、あれからどうなったか……。触れるものすべてが金に変わってしまい、ものを食べることも飲むこともできなくなった王は、ディオニュソスに懇願し、パクトーロス川で身を清め、もとの体に戻してもらった。みずからの欲深さを反省した王は、その後は森で静かに暮らしたという。しかし、現代のミダス王たちは、はたしてもとに戻れるだろうか。著者が願ってやまない「金よりも平和と正義が重んじられる世界」のために、本書がささやかな力になれば幸いである。

最後に、本書の刊行にあたっては、編集の労をとって下さった株式会社原書房の大西奈己さん、ならびに翻訳のご縁を下さったオフィス・スズキの鈴木由紀子さんに、心からお礼を申し上げます。

高尾菜つこ

二〇一六年一〇月

原 注

序章：金を求めて

1 Erin Wayman, 'Gold Seen in Neutron Star Debris', *Science News*, CLXXXIV/4 (24 August 2013), p. 8.

2 Anne Wootton, 'Earth's Inner Fort Knox', *Discover*, XXVII/9, p. 18.

3 Frank Reith et al., 'Biomineralization of Gold: Biofilms on Bacterioform Gold', *Science* New Series, CCCXIII/5784 (14 July 2006), pp. 233-6; Chad W. Johnston et al., 'Gold Biomineralization by a Metallophore from a Gold-associated Microbe', *Nature Chemical Biology*, IX/4 (2013), pp. 241-3.

4 Máirín Ní Cheallaigh, 'Mechanisms of Monument-destruction in Nineteenth-century Ireland: Antiquarian Horror, Cromwell and Gold-dreaming', *Proceedings of the Royal Irish Academy, Section c: Archaeology', Celtic Studies, History, Linguistics, Literature*, CVIIC (2007), pp. 127-45; Frank Thone, 'Nature Ramblings: The Gold Rush', *Science News-Letter*, XLIII/10 (6 March 1943), p. 157

5 *Thomson Reuters GFMS Gold Survey* (2014), p. 53, 'available at https://forms.thomsonreuters.com/gfms/

6 Strabo. *Geography*, trans. Howard Leonard Jones (Cambridge, MA, 1924), 11.2.19.（『ギリシア・ローマ世界地誌』、ストラボン著、飯尾都人訳、龍溪書舎、一九九四年）

7 Otar Lordkipanidze, 'The Golden Fleece: Myth, Euhemeristic Explanation and Archaeology,' *Oxford Journal of Archaeology*, XX/I (2001), pp. 1-38.

8 Juan Rodriguez Freyle, *El Carnero: conquista y descubrimiento de el Nuevo Reino de Granada* (1638), vol. I, p. 21.

9. Walter Raleigh, *The Discovery of Guiana* (1596).

10 Joyce Lorimer, 'Introduction to *Sir Walter Raliegh's Discoverie of Guiana* (Aldershot, 2006), p. lii.

11 Francisco Vazquez de Coronado, *The Journey of Coronado*, ed. and trans. George Parker Winship (New York, 1904), p. 174.

12 Timothy Lim, *The Dead Sea Scrolls: A Very Short Introduction* (Oxford, 2005).

13 James A. Harrell and V. Max Brown, 'The World's Oldest Surviving Geological Map: The 1150 BC Turin Papyrus from Egypt', *Journal of Geology*, C/I (January 1992), pp. 3-18.

14 Yvonne J. Markowitz, 'Nubian Adornment', in *Ancient Nubia: African Kingdoms on the Nile*, ed. Marjorie M. Fisher (Cairo, 2012), pp. 186-99, 193.

15 John W. Blake, *West Africa: Quest for God and Gold, 1454-1578* (London, 1937/1977).

16 Malyn Newlitt, *A History of Portuguese Overseas Expansion, 1400-1668* (London, 2004), p. 27 にて引用。

17 Herbert lvi. Cole and Doran H. Ross, *The Arts of Ghana*, exh. cat., Frederick S Wight Gallery at the University of California Los Angeles (1977), p. 134.

18 P. E. Russell, *Prince Henry 'The Navigator': A Life* (New Haven, CT, 2001).

19 Herodotus, *Histories* 3.23.4, trans. George Rawlinson (London, 1859).（『歴史 上中下』、ヘロドトス著、松平千秋訳、岩波書店、一九七一年～一九七二年）

第一章：身につけられる金

1 Jan Wisseman Christie, 'Money and Its Uses in the Javanese States of the Ninth to Fifteenth Centuries AD', *Journal of the Economic and Social History of the Orient*, XXXIX/3 (1996), pp. 243-86, 249.

2 Ivan Ivanov, *The Birth of European Civilization* (Sofia, 1992). 一般に紀元前五千年紀を指す銅器時代という時代区分は、青銅器時代への過渡期であり、その初期にあたる。この時期、銅の溶錬は行なわれていたが、銅を錫と合金化してより丈夫な青銅が作られることはなかった。金採掘は一般に銅採掘のあと、金細工も一般に銅細工のあとに始まった。

3 *Thomson Reuters GFMS Gold Survey* (2cu4), p. 53, https://forms.thomsonreuters.com/gfms, p. 8.

4 Colin Renfrew, 'Varna and the Social Context of Early Metallurgy', *Antiquity,* LII (1978), pp. 199-203.

5 Ivan Ivanov and Maya Avramova, *Varna Necropolis: The Dawn of European Civilization* (Sofia. 2000), pp. 46-50.

6 Hans Wolfgang Müller and Eberhard Thiem, *Gold of the Pharaohs* (Cornell, NY, 1999), p. 60.

7 'Behind the Mask of Agamemnon', *Archaeology,* LII/4 (July/August 1999), pp. 5l-9.

8 Bernabé Cobo, *Inca Religion and Customs*, trans. and ed. Roland Hamilton (Austin, TX, 1990), p. 250.

9 Ralph E. Giese, *The Royal Funeral Ceremony in Renaissance France* (Geneva, 1960), p. 33.

10 *Epic of Gilgamesh*, Tablet VIII, column ii.（『ギルガメシュ叙事詩』、第八の粘土板）

11 André Emmerich, *Sweat of the Sun and Tears of the Moon: Gold and Silver in Pre-Columbian Art* (Seattle, WA, 1965), p. xxi.

12 同上 , p. 128.

13 Pliny the Elder, *Natural History*, trans. H. Rackharn (Cambridge, MA, 1924), 33.8, available at https://archive.org.（『プリニウスの博物誌 一～六』、プリニウス著、中野定雄･中野里美･中野美代訳、雄山閣、二〇一二年～二〇一三年）

14 Tertullian, *Apologeticus*, trans. Jeremy Collier (London, 1889), 6, available at www,tertulian.org.（『キリスト教教父著作集一四 テルトゥリアヌス二 護教論（アポロゲティクス）』（テルトゥリアヌス著、鈴木一郎訳、教文館、一九八七年）

15 Clara Estow, 'The Politics of Gold in Fourteenth Century Castile', *Mediterranean Studies*, VIII (North Dartmouth, MA, 1999), pp. 129-42.

16 Oviedo, *Historia general y natural de los Indios* (Madrid. 1853), p. 118.（『カリブ海植民者の眼差し』、オビエード著、染田秀藤・篠原愛人訳、岩波書店、一九九四年）

17 Rebecca Zorach, *Blood, Milk. Ink, Gold: Abundance and Excess in the French Renaissance* (Chicago, IL, 2005), p. 118.

18 Joycelyne G. Russell, *The Field of the Cloth of Gold: Men and Manners in 1520* (London, 1969).

19 Xinru Liu, *Silk and Religion: An Exploration of Material Life and the Thought of People, AD 600-1200* (Oxford, 1998), p. 21.

20 Procopius, *History of the Wars*, VIII.xvii:1-7.

21 例については *Lettres patentes de declaration du roy, pour la reformation da luxe . . .* (Rouen, 1634) を参照。

22 N. B. Harte, 'State Control of Dress and Social Change in Pre-Industrial England', in *Trade, Government and Economy in Pre-Industrial England*, ed. D. C. Coleman and A. H. John (London, 1976), pp. 132-65 を参照。

23 Michel de Montaigne, *Essais*, trans. Charles Cotton (London, 1870), p. 183.（『エセー 一～六』、モンテーニュ著、原二郎訳、岩波書店、一九六五年～一九六七年）

24 Martul du Bellav. , *Mémoires de Martin du Bellay* (Paris, 1569). p. 16.

25 John Fisher, *Here After Ensueth Two Fruytfull Sermons*… (London, 1532), f. B2r.

26 近代の金織物の発展については J.P.P. Higgins, *Cloth of Gold: A History of Metallised Textiles* (London, 1993) を参照。

27 Marcel Proust, *A La Recherche du temps perdu* (Paris. 1987-9), vol. III, pp. 895-6.『失われた時を求めて一～一三』（マルセル・プルースト著、鈴木道彦訳、集英社、二〇〇六年～二〇〇七年）

28 Deborah Nadoolman Landis, D*ressed: A Century of Hollywood Costume Design* (New York, 2007), p. 244.

29 Krista Thompson, 'The Sound of Light: Reflections on Art History in the Visual Culture of Hip-hop', *Art Bulletin*, XCI/4 (December 2009), pp. 481-505 を参照。

第二章：金と宗教、権力

1 Thanapol (Lamduan) Chadchaidee, *Thailand in my Youth* (Bangkok, 2003), pp. 59-68.

2 David Lorton, trans., *The Gods of Egypt* (Ithaca, NY, 2001), p. 44; Sydney Hervé Aufrère, *L'Univers minéral dans la pensée egyptienne* (Cairo, 2001), vol. II, p. 380.

3 David Gordon White, *The Alchemical Body* (Chicago, IL, 1996), PP. 189-91.

4 Adam Herring, 'Shimmering Foundation: The Twelve-angled Stone of Inca Cusco', *Critical Inquiry*, XXXVII/I (Autumn 2010), pp. 60-l05, p. 97; Gordon McEwan, *The Incas; New Perspectives* (New York, 2008), p. 156.

5 Herodotus, History, IV.（『歴史 上中下』、ヘロドトス著、松平千秋訳、岩波書店、一九七一年～一九七二年）。同じく Michael L. Walter, *Buddhism and Empire* (Leiden, Boston and Tokyo, 2009), pp. 287-91 も参照。

6 V. N. Basilov, *Nomads of Eurasia*, exh. cat. (Natural History Museum of Los Angeles County, 1989).

7 A. Kyerematen, 'The Royal Stools of Ashanti', *Africa: Journal of the International African Institute*, XXXIX/I (January 1969), pp. 1-10, 3-4.

8 Dominic Janes. *God and Gold in Late Antiquity* (Cambridge, 1998), pp. 55-60.

9 同上 , pp. 110-12.

10 同上 , pp. 74-5.

11 St Jerome, Letter XXII.

12 Alain George, The Rise of Islamic Calligraphy (London, 2010), p. 91.

13 同上 , pp. 74-5.

14 Christopher De Hamel, The British Library Guide to Manuscript *Illumination: History, and Techniques* (Toronto, 2001), pp. 69-70.

15 Peter T. Struck. Birth of the Symbol: Ancient Readers at the Limits of their Texts (Princeton, NJ, 2009), p. 231.

16 Erwin Panofsky. , trans., *Abbot Suger on the Abbey Church of St Denis and its Art Treasures* (Princeton, NJ. 1946), pp. 101, 107.

17 Susan Solway, 'Ancient Numismatics and Medieval Art: The Numismatic Sources of Some Medieval Imagery', PhD dissertation, Northwestern University; Evanston. Illinois (1981), pp. 70-71.

18 Thiofrid of Echternach, *Flores epytaphii sanctorum*, quoted in Martina Bagnoli, 'The Stuff of Heaven: Materials and Craftsmanship in Medieval Reliquaries', in *Treasures of Heaven; Saints, Relics and Devotion in Medieval Europe*, ed. Martina Bagnoli (London, 2011), pp. 137-47 (p. 137).

19 Cynthia Hahn, 'The Spectacle of the Charismatic Body': Patrons, Artists, and Body-part Reliquaries', in *Treasures*, ed. Bagnoli, p. 170.

20 Pamela Sheingorn, ed. and trans., *The Book of Sainte Foy*(Philadelphia, PA, 199 5), p. 78.

21 Erik Tkunø, 'The Golden Altar of Sant' Ambrogio in Milan', in *Decorating the Lord's Table: On the Dynamics Between Image and Altar in the Middle Ages*, ed. Søpren Kaspersen and Erik Thunø 22 (Copenhagen, 2006), pp. 63-78, 67.

22 同上 , p. 70.

23 同上

24 Yi-t'ung Wang, trans., T*he Record of Bnddhist Monasteries in Lo-Yang* (Princeton, NJ, 19S4), pp. 16, 20-21.

25 Richard H. Davis, ed., *Images, Miracles, and Authority in Asian Religious Traditions* (Boulder, co, 1998), p. 25.

26 John Kieschnick, The Impact of Buddhism on Chinese Material Culture (Princeton, NJ, 2003), p. 108.

27 同上 p. 12.

28 Eric Robert Reinders, 'Buddhist Rituals of Obeisance and the Contestation of the Monk's Body in Medieval China'. PhD dissertation, University of California at Santa Barbara (1997), p. 65.

29 Apinan Poshyananda, Montien Boonma: Temple of the Mind (New York 2003), p. 35.

第三章：貨幣としての金

1 Herodotus, Histories, trans. A. D. Godfrey (Cambridge MA, 1920), 1.29-45, 1.85-9, available at www.perseus.tufts.edu; Archilochus, fragment 14.（『歴史 上中下』、ヘロドトス著、松平千秋訳、岩波書店、一九七一年～一九七二年）

2 Andrew Ramage and Paul Craddock, *King Croesus' Gold: Excavations at Sardis and the History of Gold Refining* (Cambridge, MA, 2000).

3 Homer, The Iliad, trans. Richmond Lattimore (Chicago, IL, 1951), 6.234-6.（『イリアス 上下』、ホメロス著、松平千秋訳、岩波書店、一九九二年）

4 Lady Charlotte Guest, The Mabinogion (London, 1838-49).（『マビノギオン』（シャーロット・ゲスト著、井辻朱美訳、原書房、二〇〇三年）

5 Sitta von Reden, *Money in Ptolemaic Egypt: From the Macedonian Conquest to the End of the Third Century BC* (Cambridge, 2007).

6 Aristophanes, *The Frogs*, trans. David Barrett (New York, 1964), pp. 19-24.（『ギリシア喜劇二アリストパネス 下』（アリストパネス著、呉茂一・村川堅太郎・高津春繁訳、筑摩書房、一九八六年）

7 *The Monetary Systems of the Greeks and Romans*, ed. W. V. Harris (Oxford, 2008).

8 Homer Dubs, 'An Ancient Chinese Stock of Gold', Journal of Economic History, XX/I (May 1942), pp. 36-9 にて引用。

9 Ban Gu, *The History of the Former Han Dynasty*, trans. Homer Dubs, vol. III (Baltimore, MD, 1955), chapter 99, p. 458.（『漢書 上中下』、班固著、小竹武夫訳、筑摩書房、一九七七年〜一九七九年）

10 Homer Dubs, 'Wang Mang and His Economic Reforms', T'oung Pao (second series), XXXV/4 (1940), pp. 219-65.

11 Ban Gu, *The History of the Former Han Dynasty*, , vol. III, chapter 99, p. 437.（『漢書 上中下』、班固著、小竹武夫訳、筑摩書房、一九七七年〜一九七九年）

12 Joseph Needham and Lu Gwei-Djen, *Science and Civilisation in China* (Cambridge, 1974), vol. v, part 2, p. 259.（『中国の科学と文明 一〜八』、ジョゼフ・ニーダム著、礪破護ほか訳、思索社、一九九一年）にて引用。

13 China Institute Gallery, New York, Providing for the Afterlife: 'Brilliant Artifacts' from Shandong, exh. cat. (2005).

14 Ban Gu, The History of the Former Han dynasty（『漢書 上中下』、班固著、小竹武夫訳、筑摩書房、一九七七年〜一九七九年）, Robert Wicks, *Money, Markets, and Trade in Early Southeast Asia: The Development of Indigenous Monetary Systems to AD 1400* (Ithaca, NY, 1992), p. 22 にて引用。

15 Wicks, *Money, Markets, and Trade in Early Southeast Asia*, p. 25.

16 Steven Bryan, The Gold Standard at the Turn of the Twentieth Century: Rising Powers, Global Money, and the Age of Empire (New York, 2010).

17 同上 , p. 45.

18 Glyn Davies, *A History of Money: From Ancient Times to the Present Day* (Cardifr; 2002), p. 376.

19 同上にて引用 , p. 380.

20 Davies, *A History, of Money*, p. 516.

21 同上 ., p. 523.

22 Bradley A. Hansen, 'The Fable of the Allegory: The Wizard of Oz in Economics', J*ournal of Economic of Education*, XXXIII/3 (Summer 2002), pp. 254-64.

23 David Tripp, *Illegal Tender; Gold, Greed, and the Mystery of the Lost 1933 Double Eagle* (New York, 2013).

24 Susanna Kim, 'Judge Says 10 Rare Gold Coins Worth $80 Million Belong to Uncle Sam', ABC News (online), 6 September 2012, http://abcnews.go.com.

第四章：芸術の媒体としての金

1 'China, §XIII, 20: Paper', *Grove Dictionary of Art*.

2 Francis Augustus MacNutt. *De Orbe Novo: The Etght Decades of Peter Martyr D'Anghera* (New York and London, 1912), vol. I, p. 220.

3 Antonio Averlino (Filarete), *Treatise on Architectur*e, trans. John R. Spencer (New Haven, CT, and London, 1965), p. 320 (187r). Luke Syson and Dora Thornton, *Objects of Virtue* (Los Angeles, CA, 2001), p. 89 にて引用。

4 Thomas Sturge Moore, *Albert Durer* (London and New York, 1905), p. 147.

5 Joel W. Grossman, 'An Ancient Gold Worker's Tool Kit: The Earliest Metal Technology in Peru',

Archaeology, XXV/4 (1972), PP. 270-75.

6 Heather Lechtman,'Andean Value Systems and the Development of Prehistoric Metallurgy', Technology and Culture, XXV/1 (January 1984). pp. 1-36.

7 Richard L. Burger, 'Chavin', in *Andean Art at Dumbarton Oaks*, ed. Elizabeth Hill Boone (Washington, DC, 1996). pp. 45-86, 50, 67-70.

8 André Emmerich, *Sweat of the Sun and Tears of the Moon: Gold and Silver in Pre-Columbian Art* (Seattle, WA, 1965), p. xix. 同じく M. Noguez et al., 'About the Pre-Hispanic Au-Pt "Sintering" Technique of Making Alloys', *Journal of the Minerals, Metals and Materials Society*, v/5 (2006), pp. 38-43 も参照。

9 Heather Lechtman, 'The Inka, and Andean Metallurgical Tradition', in *Variations in the Expression of Inka Power*, ed. R. Matos. R. Burger and C. Morris (Washington, DC, 2007) pp. 314-15.

10 同上 , pp. 322-3.

11 Lechtman, 'Andean Value Systems', p. 32.

12 Lechtman, 'The Inka', pp. 319-20.

13 同上 , p. 313.

14 Pedro de Cieza de León, *The Second Part of the Chronicle of Peru*, ed. Sir Clements Robert Markham (London, 1883), pp. 85-6.

15 Adam Herring 'Shimmering Foundation: The Twelve-angled Stone of Inca Cusco', *Critical Inquiry*, XXXVII/I (Chicago, IL, 2010), p. 89.

16 Maria Alicia Uribe Villegas and Marcos Martinón Torres, 'Composition, Colour and Context in Muisca Votive Metalwork (Colombia, AD 600-l800), *Antiqtlity*, LXXXVL (20l2), pp. 772-91, p. 777

17 Dorothy Hosler, 'West Mexican Metallurgy: Revisited and Revised', *Journal of World Prehistory*, XXII/3 (2009), pp. 185-212.

18 Emmerich, *Sweat of the Sun*, p. XX, F. T. de Benavete Motolinia, *Historia de los Indios de la Nueva España*, Colección de documentos para la historia de México, vol. I (Mexico City, 1858), vol. I, ch. xiii（『ヌエバ・エスパーニャ布教史』、モトリニーア著、小林一宏訳、岩波書店、一九七九年）を引用。

19 Hernán Cortés, *Despatches of Hernando Cortés, the Conqueror of Mexico, Addressed to the Emperor Charles V*, trans. and ed. George Folsom (New York. 1843), p. 10.

20 Christian F. Feest, 'The Collecting of American Indian Artifacts in Europe, 1493-1750', in Anerica in European Consciousness, 1493-1750, ed. Karen Ordahl Kupperman (Williamsburg, VA. 1995), pp. 324-60.

21 John Cherry, Goldsmiths (Toronto, 1992). pp. 68-9

22 Martina Bagnoli, 'The Stuff of Heaven: Materials and Craftmanship in Medieval Reliquaries', in *Treasures of Heaven; Saints. Relics and Devotion in Medieval Europe*, ed. Martina Bagnoli (London, Boll), p. 138.

23 R. W. Lightbown, 'Ex-votos in Gold and Silver: A Forgotten Art', *Burlington Magazine*, CXXI/915 (1979), pp. 352-7, 359, 353. Canonico Pietro Paolo Raffaeii, *'Brevissima indicatio potius quam descriptio donorm quibus alma domus olim Nazarena, nunc lattretana deiparae virginis decoratur', in Lauretanae historiae libri quinque*, ed. Orazio Torsellini (Venice, 1727), p. 387.

24 Emmerich, *Sweat of the Sun*, p. xxi, E. G. Squier, 'More about the Gold Discoveries of the Isthmus', *Harper's Weekly*, 20 August 1859 を引用。

25 Syson and Thornton, Objects of Virtue, pp. 102-8.

26 Giorgio Vasari, *The Lives of the Most Excellent Painters, Sculptors, and Architects*, trans. Gaston du C. de Vere (New York, 2007), p. 187.（『ルネサンス彫刻家建築家列伝』、ヴァザーリ著、上田恒夫ほか訳、白水社、一九八九年）

27 Jeffrey Chipps Smith, *Art of the Goldsmith in Late Fifteenth-century Germany* (New Haven, CT, 2006), p. 25.

28 同上 , p. 27.

29 Jaroslav Folda, 'Sacred Objects with Holy Light: Byzantine Icons with Chrysography', in *Byzantine Religious Culture: Studies in Honor of Alice-Mary Thlbot*, ed. Denis Sullivan, Elizabeth Fisher and Stratis Papaioannou (Leiden, 2012), p. 155.

30 Irma Passeri, 'Gold Coins and Gold Leaf in Early Italian Paintings', in *The Matter of Art*, ed. Christy Anderson, Anne Dunlop and Pamela Smith (Manchester, 2012), pp. 97-115 を参照。

31 Leon Battista Alberti, *On Painting*, trans. John Spencer (New Haven, CT, 1966), p. 85.（『絵画論』、L・B・アルベルティ著、三輪福松訳、中央公論美術出版、一九七一年）

32 Julia Bryan Wilson, *Art Workers: Radical Practice in the Vietnam War Era* (Berkeley, CA, 2009), pp. 65-6.

33 Lisa Gralnick. *Lisa Gralnick, The Gold Standard*, exh. cat., Bellevue Arts Museum, Bellevue, Washington (2010).

34 Sarah Lowndes. , 'Learned By Heart: The Paintings of Richard Wright', in *Richard Wright*, exh. cat., Gagosian Gallery, London (New York, 2010), p. 59.

35 Richard Wright, 'Artist Richard Wright on How He Draws', www.theguardian.com, 19 September 2009.

第五章：錬金術から宇宙まで——科学における金

1 Mark S. Morrisson, *Modern Alchemy: Occultism and the Emergence of Atomic Theory* (Oxford, 2007).

2 Francis Bacon, *The Two Books of the Proficience and Advancement of Learning Divine and Humane* (Oxford, 1605), 22v.

3 Theophilus, *On Divers Arts*, trans. John G. Hawthorne and Cyril Stanley Smith (Mineola, NY, 2012), pp. 36-8.

4 Lynn Thorndike, *A History of Magic and Experimental Science* (1958), vol. I, p. 194, および Jack Lindsay, *Origins of Alchemy in Graeco-Roman Egypt* (London, 1970), p. 54 を参照。

5 M. Berthelot. Introduction à l'étude de la chimie des anciens et du Moyen Âge' (Paris, 1899), p. 20.

6 Lindsay, *Oriins of Alchemy in Graeco-Raman Egypt*, pp. 60-61.

7 Stanton J. Linden, ed., *The Alchemy Reader: from Hermes Trismegistus to Isaar Newton* (New York, 2003), p. 22.

8 Sydney Hervé Aufrère, *L'Univers minéral dans la pensée egyptienne* (Cairo, 2001), pp. 377-9, 389-91.

9 Nathan Sivin, Chinese Alchemy: Preriminary Studies (Cambridge, MA, 1968), pp. 151-8.

10 James Ware, *Alchemy, Medicine and Religion in the China of AD320, The 'Nei Pien' of Ko Hung*

(Mineola, NY, 1981), p. 74.

11 Joseph Needham and Lu Gwei-Djen. *Science and Civilization in China* (Cambridge. 1974), vol. v, part 2, section 33, part I, pp. 115-20.（『中国の科学と文明 一～八』、ジョゼフ・ニーダム著、礪破護ほか訳、思索社、一九九一年）

12 Sivin, *Chinese Alchemy*, p. 25. Needham and Lu, *Science and Civilization in China*. p. 13.（『中国の科学と文明 一～八』、ジョゼフ・ニーダム著、礪破護ほか訳、思索社、一九九一年）

13 同上 , pp. 12-13.

14 Ware. Alchemy, *Medicine and Religion in the China of AD320,* pp. 267-8; Needham and Lu, *Science and Civilization in China*, pp. 68-71.（『中国の科学と文明 一～八』、ジョゼフ・ニーダム著、礪破護ほか訳、思索社、一九九一年）

15 Ware, *Alchemy, Medicine and Religion in the China of AD320*, p. 50.

16 Fabrizio Pregadio, *Great Clarity: Daoism and Alchemy in Early Medieval China* (Stanford, CA, 2006), p. 125.

17 Ku Yung, 'History of the Fonner Han', in *Doctors, Diviners, and Magicians of Ancient China*, ed. and trans. Kenneth J. DeWoskin (New York 1983), p. 38.

18 Philippe Charlier et al., 'A Gold Elixir of Youth in the 16th Century French Court', *British Medical Journal*, 339 (16 December 2009).

19 Frank E. Grizzard, *George Washington: A Biographical Companion* (Santa Barbara, CA, 2002), p. 105.

20 Paul Elliott, 'Abraham Bennet, FRS (1749-1799): A Provincial Electrician in Eighteenth-century England', *Notes and Records of the Royal Society of London*, LIII/L (January 1999), pp. 59-78を参照。

21 Michael Riordan and Lillian Hoddeson, *Crystal Fire: The Invention of the Transistor and the Birth of the Information Age* (New York. 1998), pp. 1-6, 132-42.（『電子の巨人たち』、マイケル・リオーダン、リリアン・ホーデスン著、鶴岡雄二、ディーン・マツシゲ訳、ソフトバンク出版事業部、一九九八年）

22 Hernán Cortés, *Letters from Mexico*, trans. Anthony Pagden (New Haven, CT, 2001), p. 29.

23 Francisco López de Gómara. *La Conquista de México*, ed. José Luis Rojas (Madrid, 1987), p. 187, Hugh Thomas, *The Conquest of Mexico* (London, 1993), p. 178 にて引用。

24 A. G. Debus, 'Becher, Johann Joachim', in *Dictionary of Scientific Biography*, ed. C. C. Gillispie, vol. I (New York. 1970), pp. 548-51.

25 'American Swindler in London: One of the Rothschilds Said to have been a Victim', *New York Times*, 13 May 1391.

26 Brett J. Stubbs, '"Sunbeams from Cucumbers": An Early Twentieth-century Gold-from-seawater Extraction Scheme in Northern New South Wales', *Australasian Historical Archaeology*, XXVI (2008), pp. 5-12.

27 'What Would Result if Gold were Made?', *New York Times*, 6 October 1912.

第六章：危険な金

1 Clifford E. Trafzer and Joel R. Hyer, eds, *Exterminate Them: Written Accounts of the Murder, Rape, and Slavery of Native Americans during the California Gold Rush, 1848-1868* (Lansing, MI, 1999), p. ix.

2 Ovid, *Metamorphoses*, IV:604-62.（『変身物語 上下』、オウィディウス著、中村善也訳、岩波書店、

一九八一年・一九八四年）

3 Firuza Abdullaeva, 'Kingly Flight: Nimrūd, Kay Kāvus. Alexander, or Why the Angel Has the Fish'. *Persica*, 23 (2010), pp. 1-29.

4 Curt Gentry, *The Killer Mouuntains: A Search for the Legendary Lost Dutchman Mine* (New York, 1968).

5 Sam Ro, 'Bre-x: Inside the $6 Billion Gold Fraud that Shocked the Mining Industry,' *Business Insider* (online), 3 October 2014, www.businessinsider.com.

6 Michael Robbins, 'The Great South-eastern Bullion Robbery'. *Railway Magazine*, CI/649 (May 1955), pp. 315-17.

7 BBC News, 'Brinks Mat Gold: The Unsolved Mystery', 15 April 2000, http://news.bbc.co.uk.

8 Matt Roper, 'Fool's Gold: The Curse of the Brink's-Mat Gold Bullion Robbery', *Mirror*, 12 May 2012, www.mirror.co.uk.

9 U.S. Bureau of Labor Statistics, 2010-11 Career Guide to Industries, available at bls.gov.

10 Diodorus Siculus, *Bibliotheca historica*, trans. C. H. Oldfather (Cambridge, MA, 1935), 5.38.（『ディオドロス神代地誌』、ディオドロス著、飯尾都人訳、龍溪書舎、一九九九年）

11 Bill Nasson, *The War for South Africa; The Anglo-Boer War. 1899-1902* (Cape Town, 2010).

12 Gary Kynoch '"Your Petitioners Are in Mortal Terror" :The Violent World of Chinese Mineworkers in South Africa, 1904-1910', *Journal of South African Studies*, XXXI/3 (September 2005), pp. 531-46.

13 Kevin Starr. *California: A History* (New York, 2005).

14 Sucheng Chan, 'A People of Exceptional Character: Ethnic Diversity, Nativism, and Racism in the California Gold Rush'. *California History*, LXXIX/2 (2000), pp. 44-85 にて引用。

15 Trafzer and Hyer, eds, *Exterminate Them*.

16 Robert Hine and John Faragher, *The American West, A New Interpretive History* (New Haven, CT, 2000), p. 249.

17 David Goodman. *Gold Seeking: Victoria and California in the 1850s* (Stanford, CA, 1994).

18 Michael Magliari, 'Free State Slavery: Bound Indian Labor and Slave Trafficking in California's Sacramento Valley, 1350-1864', Pacific Historical Review, LXXXI/2 (May 2012), pp. 155-92.

19 しかし、スー族は連邦政府によるブラック・ヒルズの所有を断固拒否した。一九八〇年、連邦最高裁は政府がララミー砦条約の条項に違反したことを認め、政府に対してスー族への賠償金の支払いを命じた。一〇〇年分の利子を計算に入れると、請求額は一億ドル以上になったが、スー族はこれを受け取らず、土地の返還を要求した。賠償金は今もインディアン事務局の口座に残されたままで、利子が重なり、二〇一〇年現在、その額は五億七〇〇〇万ドルにのぼった。

20 Vivian Schueler, Tobias Kuemmerle and Hilmar Schröder, 'Impacts of Surface Gold Mining on Land Use Systems in Western Ghana', *Ambio*, XL/5 (July 2011), pp. 528-39.

21 Charles Wallace Miller, *The Automobile Gold Rushes and Depression Era Mining* (Moscow, ID, 1998).

22 Tom Phillips, 'Brazilian Goldminers Flock to "New Eldorado"', *The Guardian* (online), 11 January, 2007, www.theguardian.com.

23 United Nations Environmental Programme, 'The Cyanide Spill at Baia Mare, Romania: Before, During, After' (Szentendre, 2000).

24 Scott Fields, 'Tarnishing the Earth: Gold Mining's Dirty Secret', *Environmental Health Perspectives*, CIX/10 (October 2001): A474-A481.

25 Jan Laitos, 'The Current Status of Cyanide Regulations', *Engineering and Mining Journal*, 24 February 2012, www.e-mj.com.

26 James Urquhart, 'Sugar Solution to Toxic Gold Recovery', *Chemistry World* (online), 15 May 2013, www.rsc.org.

27 *Coinweek* (online), 'Goldline International Placed Under Injunction, Ordered to Change Sales Practices', 22 February 2012, www.coinweek.com.

28 ブラウンが大手銀行の破綻を防ごうとしたという説については、Thomas Pascoe, 'Revealed: Why Gordon Brown Sold Britain's Gold at a Knock-down Price', *The Telegraph* (online), 5 July 2012, http://blogs.telegraph.co.uk. を参照。ブラウンの金売却の擁護論については、Alan Beattie, 'Britain Was Right to Sell Off Its Pile of Gold', Financial Times (online), 4 May 2011, www.ft.com. を参照。

29 Stephanie Boyd, 'Who's to Blame for Peru's Gold-mining Troubles?', *New Yorker* (online), 28 October 2013, www.newyorker.com.

30 Human Rights Watch, *Gold's Costly Dividend: Human Rights Impacts if Papua New Guinea's Porgera Gold Mine* (Human Rights Watch, 2011), available at www.hnv.org.

31 Human Rights Watch, *The Curse of Gold: Democratic Republic of Congo* (Human Rights Watch, 2005), available at www.hrw,org.

32 PricewaterhouseCoopers, 'Dodd-Frank Section 1502: Conflict Minerals ', accessed 8 October 2015.

33 Boyd, 'Who's to Blame for Peru's Gold-mining Troubles?'

参考文献

Bagnoii, Martina, ed., *Treasure's of Heaven' Saints. Relics and Devotion in Medieval Europe* (London, 2011)

Basilov, V. N., Nomads of Eurasia (Seattle, WA, 1989)

'Behind the Mask of Agamemnon', *Archaeology*, LII/4 (July/August 1999), pp. 51-9

Blake, John W., *West Africa: Quest for God and Gold, 1454-1578* (London, 1937/1977)

Boyd, Stephanie, 'Who's to Blame for Peru's Gold-mining Troubles?', *New Yorker*, 28 October 2013

Bryan. Steven, *The Gold Standard at the Turn of the Twentieth Century: Rising Powers*, Global Money, and the Age of Empire' (New York, 2010)

Cherry, John, *Goldsmiths* (Toronto. 1992)

Cole, Herbert M., and Doran H. Ross, *The Arts of Ghana*, exh. cat., Frederick S. Wight Gallery at the University of California. Los Angeles (1977)

Craddock, Paul, *Early Metal Mining and Production* (Washington, DC, 1995)

Davies, Glyn, *A History of Money: From Ancient Times to the Present Day* (Cardiff 2002)

De Hamel, Christopher, *The British Library Guide to Manuscript Illumination: History: and Techniques* (Toronto, 2001)

Emmerich, André. *Sweat of the Sun and Tears of the Moon: Gold and Silver in Pre-Columbian Art* (Seattle, WA, 1965)

Fields, Scott, 'Tarnishing the Earth: Gold Mining's Dirty Secret', *Environmental Health Perspectives*, CIX/10 (October 2001), pp. A474-A481

Gentry, Curt, The Killer Mountains' A Search for the Legendary Lost Dutchman Mine (New York, 1968)

George, Alain, *The Rise of Islalnic Calligraphy* (London, 2010)

Goodman, David, *Gold Seeking: Victoria and California in the 1850s* (Stanford, CA, 1994)

Gralnick. Lisa, *Lisa Gralnick*, The Gold Standard, exh. cat., Bellevue Arts Museum, Bellevue, Washington (2010)

Grossman, Joel W., 'An Ancient Gold Worker's Tool Kit: The Earliest Metal Technology in Peru', *Archacohgy*,XXV/4 (1972), pp. 270-75.

Harris, W. V., ed., *The Monetary Systems of the Greeks and Romans* (Oxford, 2008)

Higgins, J.P.P., *Cloth of Gold: A History of Metallised Textiles* (London, 1993)

Human Rights Watch, *The Curse of Gold, Democratic Republic of Congo* (New York, 2005)

-----, Gold's Costly Dividend: Human Rights Impacts of Papua New Guinea's Porgera Gold Mine (New York, 2011)

Ivanov, Ivan, and Maya Avramova, *Varna Necropolis: The Dawn of European Civilization* (Sofia. 2000)

Janes, Dominic, *God and Gold in Late Antiquity* (Cambridge, 1998) Kaspersen, Søren, and Erik Thunø,

eds, *Decorating the Lord's Table: On the Dynamics Between Image and Altar in the Middle Ages,* (Copenhagen, 2006)
Kieschnick, John, *The Impact of Buddhism on Chinese Material Culture* (Princeton, NJ, 2003)
Kupperman, Karen Ordahl, ed., *America in European Consciousness, 1493-1750* (Williamsburg, VA, 1995)
Kyerematen, A., 'The Royal Stools of Ashanti', Africa' Journal of the International African Institute, XXXIX/1 (January 1969), pp. 1-10
La Niece, Susan, *Gold* (London, 2009)
Landis. Deborah Nadoolman, *Dressed: A Century of Hollywood Costume Design* (New York, 2007)
Lechtman, Heather, 'Andean Value Systems and the Development of Prehistoric Metallurgy', Technology and Culture,XXV/1 (January 1984), pp. 1-36
Linden. Stanton J., ed., The Alchemy Reader: From Hermes Trismegistus to Isaac Newton (New York, 2003)
Magliari, Michael, 'Free State Slavery: Bound Indian Labor and Slave Trafficking in California's Sacramento Valley, 1850-1864', *Pacific Historical Review,* LXXXI/2 (May 2012), pp. 155-92
Markowitz, Yvonne J., 'Nubian Adornment', in *Ancient Nubia: African Kingdoms on the Nile*, ed. Marjorie M. Fisher (Cairo, 2012), pp. 186-93
Matos, R., R. Burger and C. Morris, eds. *Variations in the Expression of Inka Power* (Washington, DC., 2007)
Müller, Hans Wolfgang, and Eberhard Thiem, *Gold of the Pharaohs* (Cornell, NY, 1999)
Nasson, Bill, *The War for South Africa; The Anglo-Boer War, 1899-l902* (Cape Town, 2010)
Needham, Joseph, and Lu Gwei-Djen, *Science and Civilization in China*, vol. v (Cambridge, 1974)（『中国の科学と文明 一～八』、ジョゼフ・ニーダム著、礪破護ほか訳、思索社、一九九一年）
Newitt, Malyn, *A History of Portuguese Overseas Expansion, 1400-1668* (London, 2004)
Panofsky Erwin, trans., *Abbot Suger on the Abbey Church of St Denis and its Art Treasures* (Princeton, NJ, 1946)
Raleigh, Walter, *Sir Walter Ralegh's Discoveris of Guiana* [1596], ed. Joyce Lorimer (London, 2006)
Ramage, Andrew, and Paul Craddock, *King Croesus' Gold: Excavations at Sardis and the History of Gold Refining* (Cambridge, MA, 2000)
Riordan, Michael, and Lillian Hoddeson, *Crystal Fire: The Invention of the Transistor and the Birth of the Information Age* (New York, 1998)（『電子の巨人たち』、マイケル・リオーダン、リリアン・ホーデスン著、鶴岡雄二、ディーン・マツシゲ訳、ソフトバンク出版事業部、一九九八年）
Russell, P. E., *Prince Henry 'the Navigator': A Life* (New Haven, CT, 2001)
Sheingorn, Pamela, ed. and trans., *The Book of Sainte Foy* (Philadelphia, PA, 1995)
Starr, Kevin, *California: A History* (New York, 2005)
Syson, Luke, and Dora Thornton, *Objects of Virtue* (Los Angeies, CA, 2001)
Thorndike, Lynn, *A History of Magic and Experimental Science* (New York, 1958)
Trafzer, Clifford E., and Joel R. Hyer, eds, *Exterminate Them: Written Accounts of the Murder, Rape, and Slavery of Native America ns during the California Gold Rush, 1848-1868* (Lansing, MI, 1999)
Tripp, David . *Illegal Tender: Gold, Greed, an d the Mystery of the Lost 1933 Double Eagle* (New York,

2013)

Vázquez de Coronado, Francisco, *The Journey of Coronado*, ed. and trans. George Parker Winship (New York, 1904)

Venable, Shannon, *Gold: A Cultural Encyclopedia* (Santa Barbara, CA, 2011)

von Reden. Sitta, *Money in Ptolenaic Egypt: From the Macedonian Conquest to the End of the Third Century BC* (Cambridge, 2007)

Walter, Michael L., *Buddhism and Empire* (Leiden. Boston and Tokyo, 2009)

Wardwell, Allen, exh. cat., Museum of Fine Arts, Boston (Greenwich, CT, 1968)

Weston. Rae, *Gold: A World Survey* (London and Canberra, 1983)

White, David Gordon, *The Alchemical Body* (Chicago, IL, 1996)

Zorach, Rebecca, *Blood, Milk, Ink. Gold: Abundance and Excess in the French Renaissance* (Chicago. IL, 2005)

新共同訳聖書（日本聖書協会）

『失われた時を求めて 10 第五篇 囚われの女 *II*』（マルセル・プルースト著、鈴木道彦訳、集英社）

『漢書郊祀志』（班固著、狩野直禎・西脇常記訳、平凡社）

『ギリシア喜劇 *II* アリストパネス（下）』（アリストパネス著、呉茂一・村川堅太郎・高津春繁訳、筑摩書房）

『ネーデルラント旅日記』（デューラー著、前川誠郎訳、岩波書店）

『マビノギオン：ケルト神話物語』（シャーロット・ゲスト著、井辻朱美訳、原書房）

『錬金術師：エリザベス朝戯曲名作選』（ベン・ジョンソン著、大場建治訳、南雲堂）

図 版

Aga Khan Museum, Toronto, On. (photos (C): pp. 83, 200*; photo David S. Aguirre: p.* 73*;* 作者の厚意により掲載 *(El Ana tsui) and Jack Shainman Gallery, New York, photoby Giovanni Pancino: p.*160*; photo Anónimo s.* 17 *public domain: p.* 119*; AT&T Archive and History Center* の厚意により掲載 *: p.* 189*; photo Bayerische* 31, 79 *(photo (C) BnF, Dist. RMN-Grand Palais/Art Resource, NY),* 85 *(photo (C) BnF, Dist. RMN-Grand Palais/Art Resource, NY),* 87*;* 作者の厚意により掲載 *(Montien Boonma) and Numthong Gallery, Bangkok, Thailand: p.* 101*; photo (The British Library Board: p.* 21*; British Museum, London (photos (The Trustees of the British Museum): pp.* 46, 48, 77, 93, 97, 98, 110, 112, 113, 117, 132, 165, 175, 178, 181, 197, 206*; Byzantine Museum, Athens: p.* 54 *(photo Erich Lessing / Art Resource, NY); Cathedral, Cologne: p.* 91 *(photo Erich Lessing a Art Resource, NY); Central State Museum, Almaty, Kazakhstan: p.* 42*; Chemical Heritage Foundation Collections, Philadelphia (Fisher Scientific International* の贈与 *, photograph by Will Brown): pp.* 167*; The Egyptian Museum, Cairo: p.* 39*; photo credit Jim Escalante: p.* 159*; Freer Gallery of Art, Smithsonian Institution, Washington, DC (photo Bridgeman Images): p.* 87*; Galerie Würthle, Vienna: p.* 155*; Galleria degli Uffizi, Florence: p.* 135 *(photo Erich Lessing / Art Resource, NY); Gold Museum, Bogota, Colombia: p.* 143 *(photo Mariordo Mario Roberto Durán Ortiz ; Lisa Grainick* の厚意により掲載 *: p.* 159*; The J. Paul Getty Museum* の厚意により掲載 *, Los Angeles (photos Getty Open Content): pp.* 11, 106*; photo Adam Jones: p.* 66 *; Jordan Museum, Amman: p.* 26 *; Kunsthistorisches Museum, Vienna: pp.* 131 下 *(photo Andreas Praefke),* 147, 151 *(photos Erich Lessing / Art Resource, NY); photo Ralf-André Lettau; p.* 69*; Library of Congress Prints and Photographs Division, Washington, DC: pp.* 14 上 , 18, 121, 201, 211 上 下 , 213*; photo by Allan Lissner / Protest Barrick, reproduced by permission of the photographer: p.* 221 *; MetropolitanMuseum of Art: pp.* 17 *(Harris Brisbane Dick Fund,* 1934*, Accession Number* 34-*II*-7*),* 61 *(purchase, Friends of The Costume Institute Gifts,* 2007*),* 85 *(H. O. Havemeyer Collection, Gift of Horace Havemeyer,* 1929 *[*29.160.23*],* 104, 135 *(Fletcher Fund,* 1963 63.210.67*),* 137 *(purchase, Jan Mitchell Gift,* 2003*),* 149 *(Robert Lehman Collection,* 1975 *(*1975.1.110*),* 178 *(Accession Number:* 2011.302 *- purchase, C. G. Boerner Gift,* 2011*); photo Minneapolis Institute of Arts: p.* 207*; Musée Condé, Chantily: pp.* 135 *(Ms.* 65*, foi. v. - photo René-Gabriel Ojéda, (C) RMN-Grand Palais / Art Resource, NY),* 185 *(photo Erich Lessing / Art Resource, NY); Musée du Louvre, Paris: p.* 50 *(photo Erich Lessing/Art Resource, NY); Musée National de la Renaissance, Écouen: pp.* 58- 59 *(photo Stéphane Maréchalle, (C) RMN-Grand Palais/Art Resource, NY); Museo Nacional de Antropologia, Mexico: p.* 45*; Museo Tumbas Reales de Sipán, Lambayeque, Peru: p.* 125 *(Museo Tumbas Reales de Sipán* の厚意により掲載 *); Museum of Fine Arts, Boston: p.* 29*; photo NASA / Chris Gunn: p.* 187 下 *; photo NASA / PL: p.* 187 上 *; National Archaeological Museum, Athens: p.* 41*; National Museum of Ireland, Dublin: p.* 94 *(photo Werner Forman f Art Resource, NY); photo by Nicholas (nichalp), reproduced by permission of cc-by-sa-*2.5*-self. p.* 70 *; PD-Australia* の厚意により掲載 *: p.* 7*; Pierrepont Morgan Library and Museum, New*

York: pp. 88- 89*; private collection: p.* 160 *(C* 2014 *Artist Rights Society (ARs), NY; ADAGP, Paris. MG I – Photo Credit: Banque d'Images, ADAGP/Art Resource, NY); Royal Collection: pp.* 52- 53*(RcIN* 405794*), photo Sächsische Landesbibliothek – Staats- und Universitätsbibliothek Dresden: p.* 176*; photo Scala/ Ministero per i Beni e le Attività culturali / Art Resource, NY: p.* 81*;Treasury, Abbey Ste. Foy, Conques: p.* 95 *(photo Erich Lessing / Art Resource, NY); U.S. National Library of Medicine* の厚意により掲載*, Bethesda, Maryland: p. Io; photo C Wanni Archive/ Art Resource, NY: p.* 65*; Warna Archaeological Museum, Warna, Bulgaria: p.* 36*; photo Yelkrokoyade: p.* 36*; Walters Art Museum, Baltimore, Maryland: p.* 6*; photo Xuan Che: p.* 41.

関連団体名およびウェブサイト

錬金術ウェブサイト The Alchemy Website
www.levity.com/alchemy

米国貨幣協会 American Numismatic Association
www.money.org

米国賞牌協会 American Numismatic Society
www.numismatics.org

大英博物館のシティ・マネー・ギャラリー British Museum's Citi Money Gallery
www.britishmuseum.org/explore/themes/money.aspx

英国賞牌協会 British Numismatic Society
www.britnumsoc.org

カリフォルニア州鉱業・鉱物博物館 California State Mining and Mineral Museum
www.parks.ca.gov

フィールド博物館（シカゴ）-　-金 Field Museum (Chicago): Gold
archive.fieldmuseum.org/gold

材料・鉱物・鉱業学会（ＩＯＭ３）Institute of Materials, Minerals and Mining (IOM3)
www.iom3.org

リーヴズ・オヴ・ゴールド学習センター Leaves of Gold Learning Center
www.philamuseum.org/micro_sites/exhibitions/leavesofgold/learn

鉱業史協会 Mining History Association
www.mininghistoryassociation.org

マイニングウォッチ・カナダ MiningWatch Canada
www.miningwatch.ca

黄金博物館 Museo del Oro
www.banrepcultural.org/gold-museum

全米鉱業協会 National Mining Association
www.nma.org

東洋賞牌協会 Oriental Numismatic Society
www.onsnumis.org

プロテスト・バリック Protest Barrick
www.protestbarrick.net

王立賞牌協会 Royal Numismatic Society
www.numismatics.org.uk

地下金鉱労働者博物館 Underground Gold Miners Museum
www.undergroundgold.com

ワールド・ゴールド・カウンシル World Gold Council
www.gold.org

レベッカ・ゾラック（Rebecca Zorach）
イリノイ州エヴァンストンのノースウェスタン大学美術史教授。これまでの著書に『情熱の三角形 *The Passionate Triangle*』（二〇一一年）、『血、乳、インク、金――フランス・ルネサンスにおける過剰な豊かさ *Blood, Milk, Ink, Gold: Abundance and Excess in the French Renaissance*』（二〇〇五年）がある。

マイケル・W・フィリップス・ジュニア（Michael W Phillips Jr.）
独立系の映画制作者、映画評論家、映画プログラマー

高尾菜つこ（たかお・なつこ）
1973年生まれ。翻訳家。南山大学外国語学部英米科卒業。訳書に、『新しい自分をつくる本』、『バカをつくる学校』（以上、成甲書房）、『アメリカのイスラエル・パワー』、『「帝国アメリカ」の真の支配者は誰か』（以上、三交社）、『図説 イギリス王室史』、『図説 ローマ教皇史』、『図説アメリカ大統領』、『図説 砂漠と人間の歴史』、『レモンの歴史』、『ボタニカルイラストで見るハーブの歴史百科』（以上、原書房）がある。

GOLD: Nature and Culture
by Rebecca Zorach and Michael W Phillips Jnr
was first published by Reaktion Books in the Earth series,
London, UK, 2016

Japanese translation rights arranged with
Reaktion Books Ltd., London
through Tuttle-Mori Agency, Inc., Tokyo

図説《ずせつ》 金《きん》の文化史《ぶんかし》

●

2016年11月28日　第1刷

著者……………レベッカ・ゾラック
マイケル・W・フィリップス・ジュニア
訳者……………高尾菜《たかおな》つこ
装幀・本文AD……………岡 孝治
発行者……………成瀬雅人
発行所……………株式会社原書房
〒160-0022 東京都新宿区新宿1-25-13
電話・代表　03(3354)0685
http://www.harashobo.co.jp/
振替・00150-6-151594
印刷……………シナノ印刷株式会社
製本……………小髙製本工業株式会社

ISBN978-4-562-05353-7, printed in Japan